人民至上
城乡水务一体化发展
——中国水务的实践探索

中国水务投资集团有限公司党委／编著

中共中央党校出版社

图书在版编目（CIP）数据

人民至上：城乡水务一体化发展：中国水务的实践
探索 / 中国水务投资集团有限公司党委编著 . -- 北京：
中共中央党校出版社，2024.5. -- ISBN 978-7-5035
-7736-9

Ⅰ. TU991.31

中国国家版本馆 CIP 数据核字第 2024A8R977 号

人民至上：城乡水务一体化发展——中国水务的实践探索

策划统筹	曾忆梦
责任编辑	刘海燕　边梦飞　王新焕
责任印制	陈梦楠
责任校对	李素英
出版发行	中共中央党校出版社
地　　址	北京市海淀区长春桥路 6 号
电　　话	（010）68922815（总编室）　（010）68922233（发行部）
传　　真	（010）68922814
经　　销	全国新华书店
印　　刷	北京盛通印刷股份有限公司
开　　本	710 毫米 × 1000 毫米　1/16
字　　数	232 千字
印　　张	19
版　　次	2024 年 6 月第 1 版　2024 年 6 月第 1 次印刷
定　　价	68.00 元

微 信 **ID**：中共中央党校出版社　　　　邮　　箱：zydxcbs2018@163.com

本书编委会

主　任：薛志勇

副主任：何刚信

委　员：王东全　史红伟　徐俊成　王新传　彭建东
　　　　余　玮　朱印奇　谢　军　王天强　王川江
　　　　修　诚　王培喜　宋　真

主　编：熊　怡

副主编：薛　波　陈汪洋　杜廷文　金　璨

特约编审人员（按姓氏笔画排序）：

丁建峰　王水田　毛广林　申　飞　史敏晓　巩福栋
毕重家　朱锦涛　任万荣　刘文锋　刘瑞泉　许　晶
孙昌盛　李　男　李浩生　余玲辉　汪莲丽　沙学金
张运成　张建伟　张晓东　张晓奔　张臻欢　陈　成
陈光明　陈华东　陈琳云　陈　鹏　周跃灵　娄鹏祥
客文皎　袁小斐　袁中森　倪志强　徐利明　徐培豪
徐　维　郭　凯　黄莺伟　黄　梅　崔子腾　梁　飞
葛文成　惠培勤　窦忠奇　薛　山

序　言

　　水，不仅是生命之源，也是民生之本，城乡供水作为重要的基础设施，承载着美丽中国建设、乡村全面振兴的重要使命，在新时代的征程上，我们迎来了城乡水务一体化这一重大课题。由中国水务投资集团有限公司党委组织编撰的《人民至上：城乡水务一体化发展——中国水务的实践探索》正是对这一历史性变革的生动诠释。

　　全面把握城乡水务一体化的丰富内涵和实践要求，是我们每一个水利水务工作者的责任和使命。党的十八大以来，围绕农村饮水安全和农村供水保障，水利部相继印发了《全国"十四五"农村供水保障规划》《关于做好农村供水保障工作的指导意见》《关于加快推动农村供水高质量发展的指导意见》《关于加快推进农村供水县域统管工作的通知》等一系列文件，加快推进农村饮水安全向农村供水保障转变，积极构建农村供水高质量发展格局。中国水务坚持以水利部农村供水工作部署为工作遵循，深入推进城乡水务一体化发展，是对国家战略决策的生动实践，是国资央企的社会担当。

　　近些年，中国水务聚焦城乡供水一体化，努力实现城乡供水从"有水"到"好水"转变，奋力书写城乡水务一体化的答卷，探索出不少值得推广的经验做法。如城乡供水水源保障的山东水务模式，水务全产业链运营的荣成模式，"千万工程"钱江水利模式，边远乡村、偏远岛屿的特殊供排水模式，乡镇供水PPP"溧阳模式"，城乡供水一体化EPCO模式以及城乡供水"五同"服务模式等，都是宝贵的实践经验，我们要深入总结这些模式的成功经验，为推动全国城乡水务一体化发展提供有力支撑。

当然，城乡水务一体化发展离不开科技创新。面对城乡供水的复杂技术问题，中国水务以需求导向，创新性地开展产学研用，从水源到水厂，从管网到水龙头，在常规水厂、高品质水厂、短流程膜技术、磁性离子交换树脂技术、节能降耗、水质监测、智慧水厂、智慧化运维平台、营销服务以及城乡供水的规范化和标准化建设等方面，积累了丰富的技术经验。只有通过不断的科技创新和技术进步，才能针对性地提供合适的技术产品和专业化的运营服务，才能更好地满足人民群众对于优质水的迫切需求，更好地保障城乡水务一体化的可持续发展。

这本书的出版是对新时代城乡水务一体化发展的深入思考和全面总结，希望广大水利水务工作者能够从中得到启发、汲取智慧，为推动城乡水务一体化高质量发展贡献自己的力量。

谨对该书的出版表示衷心的祝贺！

（王浩）

中国工程院院士

2024 年 5 月 16 日

目 录
CONTENTS ◀

启示篇
"七个坚持"深入推进新时代城乡水务一体化高质量发展

理念篇
全面把握城乡水务一体化的丰富内涵和实践要求

水是生命之源，文明之源。千百年来，人类依水而居，生生不息。我国水资源短缺、时空分布不均匀、水旱灾害频发，是全球水情最为复杂、江河治理难度最大、治水任务最为艰巨的国家之一。中华民族发展史也是一部治水史。根治水患、为民治水是中国共产党的优良传统和不懈追求，党的百余年奋斗史也是一部为人民治水兴水强水的奋斗历史。

党的十八大以来，习近平总书记站在实现中华民族永续发展的战略高度，就治水发表了一系列重要讲话，作出了一系列重要指示批示，提出了一系列新理念新思想新战略。这是我们党百余年来不懈探索治水规律的理论升华和实践结晶，是当代中国马克思主义、二十一世纪马克思主义在治水领域的集中体现，为新时代治水工作指明了前进方向、提供了根本遵循，在中华民族治水史上具有里程碑意义。

新时代新征程，推进乡村振兴、推动区域协调发展、推进新型城镇化、全面促进资源节约和环境保护、建设美丽中国等重大部署，为深入推进新时代城乡水务一体化高质量发展提供了崭新课题。为深入推进新时代城乡水务一体化高质量发展，中国水务坚持以习近平新时代中国特色社会主义思想为指导，完整、准确、全面贯彻新发展理念，深入贯彻落实"节水优先、空间均衡、系统治理、两手发力"十六字治水思路，锚定全面提升国家水安全保障能力总体目标，扎实推动新阶段水务高质量发展，为奋力谱写强国建设、民族复兴崭新篇章贡献力量。

第一章
为民治水是中国共产党的优良传统和不懈追求

　　江河是地球的动脉，人类文明的发祥地。地球表面由29.2%的陆地和70.8%的水体共同构成。虽然70.8%的水体中97%是海洋，淡水仅占3%，其中可为人类利用的淡水不到1%，但正因为水源的存在，地球是人类已知的唯一的可孕育生命的天体。可以说，水是地球上万物之源，地球因水而孕育出千姿百态的生命。对此，古今中外思想家们进行了不同的论述，譬如老子曰："上善若水，水善利万物而不争"；孔子曰："智者乐水，仁者乐山"；古希腊哲学家、米利都学派的创始人泰勒斯从哲学本体论角度，认为"水生万物，万物复归于水"，等等。

　　除水患、兴水利、惠民众是人类生产生活、人类文明存续的前提性条件，是一个民族、一个国家繁荣发展的基础性工程。中国共产党自诞生以来，就始终高度关切水患治理、水利兴修和人民饮用水安全，可以说，党的百余年奋斗史也是一部为人民治水兴水强水的奋斗历史。

一、治水安邦：中国共产党的为民初心

　　历史人类学研究表明，自然界通过长期的演化产生了人类，组成人类社会。人类社会发展经历了从采集狩猎到农耕文明再到工业文明的发展阶段，相应地，不同种族、民族组建了不同的政治组织类型，如采集狩猎的部落社会、农耕文明的奴隶封建国家，再到现代工业文

明的民族国家，形成了不同的氏族、部落、城邦（城市国家）、帝国等。这些不同的邦或国所创造出来的无数古代和现代文明，都与水发生了剪不断的内在联系。

（一）治水是立邦安邦之基

1.人类文明史就是一部治水史

人类文明发展与水密切相关。纵览人类历史，地球上最早兴起的四大文明都诞生于水源丰沛的北纬30度至40度之间的区域，尼罗河流域的古埃及文明、印度河流域的古印度文明、两河流域的古巴比伦文明、黄河流域的华夏文明均是如此。由此可见，四大文明都是依水而居、疏水而治、因水而兴。人类文明孕育史是古埃及人对尼罗河、古印度人对印度河、古巴比伦人对幼发拉底河和底格里斯河、中华先人对黄河长江的识水、亲水、治水、用水、护水、赏水的发展史。

古老的中国，幅员辽阔，境内江河湖泊众多，中华民族在识水、亲水、治水、用水、护水、赏水中世代繁衍生息，孕育并发展出中华民族灿烂的文明。"九曲黄河"、亚洲第一长河长江是中华民族的"母亲河"、华夏文明的重要发祥地。仰韶文化、大汶口文化、马家窑文化、河洛文化等因黄河而兴，河姆渡文化、屈家岭文化、三星堆文化等依长江而起。不仅如此，珠江、淮河、海河、辽河也都滋养和哺育着中华民族和华夏文明。

2.国运系于水运

纵观人类发展史，治水历来不仅仅是技术问题，也是关乎政权稳定、国运盛衰的重大政治问题，管子有云："圣人之治于世也，不人告也，不户说也，其枢在水。"治水是中国历代王朝的大事，关乎社稷安危，关乎政权兴衰，不仅仅是社会问题，更是政治问题。中外不少学者认为中华文明的产生、王朝国家的建立归结为大规模的治水活动。相传三皇五帝时期，黄河流域洪水泛滥，百姓流离失所。《尚书·尧典》有云："汤汤洪水方割，荡荡怀山襄陵，浩浩滔天。下民其咨，有能俾乂。"可以说，治理水患是当时人们所面临的重大社会问题。尧帝决意要治理洪水，遍访治水之能士，开启了华夏民族先人们与洪水搏斗的治水乐章。在总结共工、鲧等人治水失败的经验教训的基础上，鲧之子大禹，顺应水往低处流的规律，改用疏导的策略，13年励精图治，治水终于取得成功。从此"禹疏九河""大禹治水""三过家门而不入"等动人故事被华夏民族代代传颂。

后人总结禹一生有两大功绩：一是治水；二是立国。大禹治水的成功为立国夯实了根基，反过来，立国也巩固和发展了治水的成果。禹之子启建立夏朝，标志着阶级社会置换了原始社会、文明时代取代了野蛮时代。之后，历代统治者都高度重视治理水患、兴修水利，治好水可以带来一业兴旺、百业繁荣的盛世；水利失修，则会水患频出、民不聊生，甚至兵祸四起、社会动荡、政权更替。在中华民族五千多年的历史中，管仲治理黄河水患、开发水利，为齐桓公称霸奠定了基础；西门豹治邺，兴修漳河十二渠，从此魏国富强；秦王朝修国渠、关中无凶年，成就了始皇霸业；汉光武帝治理黄河决口，进而统一全国；隋唐开凿大运河，为盛世提供了物质基础；北宋京都水运网络四通八达，带来宋朝经济文化繁荣发展；黄河大堤稳固和京杭大运河的通航，成就了元明清三朝的统一和繁荣。

3.治水事关百姓兴业乐业

国以民为本，民以食为天，食从水土而生。能否成功治水关系黎民百姓生产生活，是经济问题，更是民生问题。创造了辉煌农耕文明的中华民族历来把治水用水放在至关重要的位置，将其作为安邦、定国、裕民的重要事务，蕴含于农田建设、水利设施、生产习俗、粮食增产之中。

中华民族先人自学会人工栽培农作物之后，就非常重视农田建设，通过农田沟洫、梯田、垛田、桑基鱼塘等农业技术，力图改变"靠天收"的状态。农业发展需要水利设置。在几千年农业文明发展中，华夏先民们开凿了水井，发明了桔槔、轩辕、水车等工具或水利装置发展农业，以提高农作物产量，提高人们生活水平和质量。

（二）晚清与民国时期经济社会深受水患水荒之苦

自1840年鸦片战争后，中国开始逐渐沦为半殖民地半封建社会，帝国主义垄断了中国海关大权，控制了中国财政，也荒废了中国的水政。河流失修、水患频繁是旧中国的一个突出现象，经济社会稳定有序地发展遭到破坏，百姓生活凄苦。辛亥革命后，孙中山先生在《建国方略·实业计划》中，提出了一个规模庞大的治水和水土保持工程的构想，其中涉及开凿、整修全国的水道，疏浚现有运河和开挖新的运河的计划。之后，民国政府进行了一系列治水工作。

一是成立治水机构。民国之初，水利事务由内务和工商两部负责管理。直到1914年才成立全国水利局。1934年全国经济委员会下设水利委员会统一全国水利管理。

二是制定治水规划。1925年，顺直水利委员会制定了《顺直河道治本计划报告书》，1933年，华北水利委员会印行了《永定河治本计划》，20世纪20年代至30年代扬子江水道整理委员会实施从武汉到上海长江口的工程，1932年开始对长江干流的水电开发规划，1945年成立的三峡水力发电研究委员会初步设计三峡坝水文地质钻探等。此外，在农田水利方面，兴建了著名的"陕西八惠"（陕西省八大灌渠的总称）

水利工程等。

　　然而，由于主客观原因，晚清和民国政府治水存在诸多问题。从鸦片战争到新中国成立前的百年历史，是我国水灾水患较为严重的时期。1915年珠江流域暴发大洪水。1920年，河北、山西、陕西、山东、河南发生罕见旱灾，灾情遍及5省317县，几千万灾民背井离乡，逃荒逃难。1928—1930年西北发生历史上罕见的大旱灾，旱灾以陕西为中心，遍及甘肃、山西、绥远、河北、察哈尔、热河、河南等8个省，造成大面积饥荒。1931年，一场更大灾难席卷中华大地，全国大部分地区阴雨不绝，造成了长江、黄河、运河、淮河、海河多条大江大河泛滥成灾，水患波及23省，灾民达1亿人之多，死亡数超过100万，而后死于洪灾引起的饥荒与疾病者达370万，据文献记载，这是20世纪破坏性最大、死亡人数最多的一次自然灾害。这一时期，长期战乱导致水利设施荒废，水患水害频发，给百姓带来深重苦难。

（三）治水安邦是中国共产党的为民初心

　　中国共产党是以马克思主义为指导的新型政党，自诞生之初，中国共产党就把为中国人民谋幸福、为中华民族谋复兴作为初心使命，高度重视除水患、修水利，把治水作为立国安邦和为人民谋幸福的重要内容。无论是革命战争年代、社会主义建设时期、改革开放新时期，还是中国特色社会主义新时代，中国共产党始终把水利事业作为为人民谋福利的重要抓手和民生工程。在新中国成立之初，周恩来就兴修水利事业感慨道："从新民主主义开步走，为我们自己和我们的子孙打下万年根基，'其功不在禹下'。"[1]

---

[1]《周恩来选集》下卷，人民出版社1984年版，第30页。

1. 中国共产党对治水重要性的认识

马克思主义是我们立党立国的根本指导思想。马克思主义揭示了人类社会发展规律，指明共产主义是人类社会发展的最高社会形态，最终的目的是实现无产阶级乃至全人类的解放。中国共产党自诞生以来，就把实现民族独立、国家富强、人民解放作为奋斗目标。以毛泽东、周恩来为代表的中国共产党人始终把为人民除水患、修水利、促发展、惠民生贯穿于党的奋斗历程中。

治水是中国历代经国济民的重大问题。毛泽东早在革命年代就深刻认识到水利建设直接关系到老百姓的生存和国家的发展。1919年7月，毛泽东就提出："世界什么问题最大？吃饭问题最大。"[①]1927年3月，毛泽东在《湖南农民运动考察报告》中，把修塘坝列为农民运动的14件大事之一。20世纪30年代初，毛泽东在江西兴国县深入农村调查，写下了著名的《兴国调查》和《长冈乡调查》。在这两次调查中，毛泽东都非常关心水旱灾害情况，对赣南地区水土流失现象十分重视。周恩来通观中国历史，同样深知治水与治国兴邦的关系，一直强调要防旱防涝。1939年3月29日，周恩来游览大禹陵，对跟随他的一行人说，禹经过长期调查观察，采取了与父亲相反的措施，带领人们兴修沟渠，疏通江河，让洪水很快地宣泄下海，最后终于制服了洪水，使万民衣食有余。

1923年，党的三大通过的《中国共产党党纲草案》，就提出要改良水利。但在第一次国内革命战争时期，由于中国共产党不是执政党，没有自己的革命根据地，党的水利建设只能停留在理念层面，未能真正开展。

2. 在中央苏区中国共产党的治水初步探索

在建立革命根据地之后，中国共产党治水为民的举措才得以实施。

---

① 《毛泽东年谱（一八九三——一九四九）（修订本）》上卷，中央文献出版社2013年版，第41页。

土地革命时期，在中央苏区等革命根据地，为了改善农业生产条件，缓解水灾干旱等自然灾害，中国共产党十分重视建设水利，实施了一系列举措，组织和发动军民兴修水利，恢复和发展被战争破坏的乡村水利设施。

一是确立治水方针。1934年，毛泽东在瑞金阐述中央经济政策时，高瞻远瞩地提出"水利是农业的命脉，我们也应予以极大的注意"①的著名口号。旧社会水利基本上被统治阶级所控制，农民很少也很难掌握水利，庄稼的收成主要"靠天收"。要解决这种状况，就必须解决水利由谁来掌握的问题，"只有用革命的方法，没收一切地主阶级的土地，归于农民生产者，除用这种办法外，是决没有其它道路可走的"。②这一时期中国共产党水利建设政策是与农民土地问题一起解决的，极大地调动了农民的生产积极性，提高了粮食产量，提升了农民生活水平。

二是成立组织管理机构。中华苏维埃共和国成立后，《中华苏维埃共和国地方苏维埃组织法草案》规定从省到乡均需设立水利机构。中华苏维埃共和国临时中央政府成立了第一个负责水利建设事业的机构——山林水利局，这是共和国水利部的前身。水利机构的主要职责是"管理陂、河堤、池塘的修筑与开发，水车的管理和添置，山林的种植培养、保护与开垦"③。当时各地苏维埃政府纷纷成立水利机构，从而建立健全了从中央到地方的组织机构，统筹规划水利建设，推动根据地党的水利事业发展。

三是制定法律政策。中国共产党非常重视用法律政策规划、指导根据地水利建设和水利事业发展。1927年通过的《关于土地问题党纲

---

① 《毛泽东选集》第1卷，人民出版社1991年版，第132页。

② 中国社会科学院经济研究所中国现代经济史组：《第一、二次国内革命战争时期土地斗争史料选编》，人民出版社1981年版，第301页。

③ 蒋伯英、郭若平：《中央苏区政权建设史》，厦门大学出版社1999年版，第204页。

草案的决议》载明："共产党要努力设法实行防止水旱的工程，建堤导河填筑淤地筑造牧场等等，并实行预防饥荒的设备。"[1]1929年党的六届二中全会进一步提出："改良扩充水利，防御天灾。"[2]1930年，中华苏维埃共和国临时中央政府颁布的《兴国苏维埃政府土地法》规定："河坝及大规模池塘不便分者，归苏维埃管理，供给人民公共使用，并督促人民修浚整理。"[3]此外，还先后颁布了《山林保护条例》《怎样分配水利》等，旨在合理分配山林水利资源，促进水利和农业的发展。

四是动员组织军民进行水利建设。在中华苏维埃共和国临时中央政府的领导下，广大军民积极开渠筑坝、打井抗旱、车水润田，水利事业得到很大的发展，农业生产出现了连年丰收的喜人景象，支持了前方打仗，改善了革命根据地军民的生活，为根据地的巩固和发展作出了巨大贡献。

江西瑞金沙洲坝的红井

① 中共中央党史和文献研究院、中央档案馆：《中国共产党重要文献汇编》第12卷（一九二七年十月——一九二七年十二月），人民出版社2022年版，第257页。

② 中国社会科学院经济研究所中国现代经济史组：《第一、二次国内革命战争时期土地斗争史料选编》，人民出版社1981年版，第332页。

③ 中国社会科学院经济研究所中国现代经济史组：《第一、二次国内革命战争时期土地斗争史料选编》，人民出版社1981年版，第376页。

现在在江西瑞金有一口"红井"，旁边石碑上镌刻"吃水不忘挖井人，时刻想念毛主席"。这是革命老区乡亲们发自内心的声音。当年毛泽东率领红军战士为瑞金人民找水源，在沙洲坝打井，从此瑞金告别了饮用池塘水的历史。

3.在抗日根据地中国共产党治水实践的深入推进

抗日战争时期，为了打破日军和国民党的封锁，中国共产党在陕甘宁边区以及其他抗日根据地，延续治水为民谋福利的光辉事业，组织群众掀起大生产运动，广泛开展水利建设，修筑灌溉防洪工程，有效地减少了水害水患损失，为根据地粮食增产提供了保障。

在治水政策上，1948年4月，毛泽东在晋绥干部会议上的讲话中指出："在任何地区，一经消灭了封建制度，完成了土地改革任务，党和民主政府就必须立即提出恢复和发展农业生产的任务，将农村中的一切可能的力量转移到恢复和发展农业生产的方面去，组织合作互助，改良农业技术，提倡选种，兴办水利，务使增产成为可能。"[1]1939年4月，《陕甘宁边区抗战时期施政纲领》规定："开垦荒地，兴修水利，改良耕种，增加农业生产，组织春耕秋收运动。"[2]陕甘宁边区政府建设厅颁发的《陕甘宁边区建设厅秋收动员训令》中提出，利用秋收前后的农闲时间发动群众兴修水利。

在治水实践上，治水工作从一家一户的传统模式转变为政府有组织、有计划地推进水利工程建设。针对陕北地区土地贫瘠、雨水少、灾害多、大批荒地无人耕种的局面，提出发展林业、兴修水利、改良土壤、提高生产技术的口号，广泛发展水利事业。特别是开展大生产运动后，水利建设工程规模从小微化向小中型方向转变。建成了延安

---

[1] 《毛泽东选集》第4卷，人民出版社1991年版，第1316页。

[2] 邱若宏：《中国共产党科技思想与实践研究：从建党时期到新中国成立》，人民出版社2012年版，第408页。

裴庄渠（幸福渠）、靖边杨桥畔渠、子长渠、绥德绥惠渠等一批水利工程。同时，兴修水利在晋察冀边区、淮南抗日根据地、苏皖边区等革命根据地相继展开，推动了粮食增产，极大地促进了农业生产发展，提高了军民生活品质，为取得抗日战争胜利提供了坚实的保障。

4.解放战争时期中国共产党的治水发展

解放战争时期，尽管战事繁多，但是中国共产党依然坚持把治水为民谋福利放在重要位置。为了全力支援前线，解放区在推进土地改革的同时，掀起水利建设高潮。

1948年9月，毛泽东在中共中央政治局扩大会议（即九月会议）上指出，我们的战略任务是"军队向前进、生产长一寸"[1]，把搞革命和搞生产建设、兴修水利辩证统一起来。当时水利建设区有小型和大型之别。小型水利主要是指在解放区开小渠、修片滩、凿泉、打井、挖潜水沟、挖蓄水池、筑堤坝等；大型水利主要是兴修大的水利工程。值得提及的是，黄河回归故道后，解放区政府领导群众积极行动起来，治理黄河，开启了人民治黄的历史新篇章。

同时，中国共产党还十分注意任用贤才、培养水利干部。平津战役胜利后，毛泽东选贤任能，任命国民革命军将领傅作义为水利部部长，将治理好全中国水利的工作委托给他。1946年初，晋察冀边区政府在张家口铁路学校设置水利工程班。1948年9月，华北人民政府建立后，成立了华北水利部水利学校，为新中国培养水利方面的科技人才。

二、兴水利国：中国共产党的为民情怀

自古以来，华夏民族十分重视识水治水用水，水利成就举世闻

---

① 《毛泽东文集》第5卷，人民出版社1996年版，第194页。

名，例如都江堰工程等，但一直没有遍及全国的灌溉渠系，截至新中国成立之日，全中国只有6座大型水库，17座中型水库，1200座小型水库（含部分灌溉工程数），大中小水库共计1223座（含部分灌溉工程数），总库容有200亿立方米左右，农田有效灌溉面积仅有16万平方千米。[①]

新中国成立后，中国共产党把经济建设、社会发展摆到重要议事日程。面对严重的水旱灾害、粮食增产压力以及常年战争导致的水利年久失修的局面，中国共产党在全国大范围内拉开了水利建设的宏大序幕，开启了治水兴水的新篇章。

（一）百废待举，治国必先治水

1.以史为鉴、禹为楷模：中国共产党立国治水的精神动力

中国是个农业大国，这是不可否认的事实。自古以来，水是影响农业生产的重要因素，是关乎国家稳定、人民生活安定的头等大事。由于晚清政府的腐败孱弱、民国政府的无能以及多年的民族民主战争，新中国成立之际，水利事业可谓百废待兴。以毛泽东、周恩来为代表的党和国家领导人谙熟治国必须治水的深刻道理，他们以史为鉴，高度重视新中国的水利事业。

早在延安时期，毛泽东在抗大生产运动初步总结大会上的讲话中指出："历史上只有禹王，他是做官的，他也耕田，手上也起了泡，叫做胼胝；还有一个墨子，也是一个劳动者，他不是官，而他是比孔子更高明的圣人。"[②]毛泽东号召根据地军民学习大禹治水的忘我精神和吃

---

① 参阅陈贵华：《中国共产党领导农田水利建设经验之制度分析》，《毛泽东思想研究》2011年第3期。

② 陈晋：《毛泽东的文化性格》，中国青年出版社1991年版，第157页。

苦耐劳的精神，冲破国民党的封锁，推动生产建设。1949年11月，周恩来接见各解放区水利联席会议部分代表时，针对水电和灌溉远远落后于可能开发的水利水电资源的状况，指出，这是大大地荒废了自然界所赋予我们的资源。假如能够把全部水都利用起来，那将是一件多么伟大的事业，以自然科学界来说，要为人民服务，还有比这更直接的吗？周恩来以"大禹治水，三过家门而不入"的故事激励水利工作者要下决心为人民除害造福。[①]1950年8月，周恩来在中华全国自然科学工作者代表会议上的讲话中，号召所有科学家都要像大禹治水那样为中华民族谋取福利。可以说，中国共产党一直以来把大禹作为楷模，把大禹治水精神作为内在动力，推动共和国水利事业不断发展壮大。正是由于党和国家领导人的高度重视，1949年9月，中国人民政治协商会议第一届全体会议把兴修水利、防洪抗旱等写入《中国人民政治协商会议共同纲领》，从国家法律层面予以确认与执行。

2019年9月，习近平总书记考察黄河防洪等相关工作时说："'黄河宁，天下平。'从某种意义上讲，中华民族治理黄河的历史也是一部治国史。自古以来，从大禹治水到潘季驯'束水攻沙'，从汉武帝'瓠子堵口'到康熙帝把'河务、漕运'刻在宫廷的柱子上，中华民族始终在同黄河水旱灾害作斗争。"[②]从上述党和国家领导人的论述中，可知中国共产党一直传颂、实践、弘扬大禹治水的奋斗精神，争做新中国"大禹人"。

2.举国之力、统筹兼顾：整治淮河黄河荆江海河四大工程

刚诞生的新中国，面对的是旧政府留下的水利残破、江河泛滥、百姓深受洪涝灾害之苦的烂摊子，以毛泽东同志为主要代表的中国共

---

① 参见《周恩来年谱（1949—1976）》上卷，中央文献出版社1997年版，第13页。
② 习近平：《论坚持人与自然和谐共生》，中央文献出版社2022年版，第238—239页。

产党人决心治水兴农、治水为民，直接推动了新中国水利事业的建设与发展。

"一定要把淮河修好"。新中国成立的第二年夏天，安徽和河南交界地区连续下了半个月之久的暴雨。淮河流域出现洪涝灾害，大片土地淹没，房屋倒塌，灾民众多，达1300多万。毛泽东看到华东局转来的灾情电报后，潸然泪下，先后三次批示，下决心治理淮河水患。当时国民经济尚在恢复，西南地区还在扫除国民党残余部队，可以说人力、财力、物力都非常紧张，大规模治理淮河水患实属不易。1951年毛泽东亲笔题词："一定要把淮河修好"，并吩咐身边工作人员把这个题词制成四面锦旗，分别送给治淮前线的治淮委员会和河南、皖北、苏北治淮指挥部。在毛泽东的关心下、周恩来的推动下，水利部以及地方齐心协力经过几年的连续奋战，到1957年冬季，治淮工程基本完成。三省投入劳动力达几百万人，治理大小河道175条，修建水库9座，修建堤防4600多千米，极大地提高了淮河流域防洪泄洪能力，为共和国经济社会发展提供了重大保障。

金寨梅山水库

"要把黄河的事办好"。黄河是中华民族的母亲河，新中国成立之前，黄河数次发生水患，老百姓生活苦不堪言，黄河成为名副其实的"害河"。1950年底，黄河水利委员会成立，专司黄河治理。为了制定治理黄河的科学可行方案，1952年10月下旬，毛泽东离京亲自考察黄河6天，走过了3个省，在充分了解情况，并听取了水利专家和地方负责人的意见建议后，提出了著名的"南水北调"设想，并殷切地嘱托河南省委负责人："要把黄河的事情办好。"毛泽东在考察引黄渠时提出变害为利的方针。黄河治理是个系统工程，绝非一朝一夕就可以完成。毛泽东一直关注黄河治理工作，作出了一系列科学指示，为黄河治理作出了极大的贡献。南水北调工程也成为中国水利事业的重要成果。

南水北调：让长江逆水而上，给北方送来一条"黄河"

"争取荆江分洪工程的胜利"。在中华民族水患中，长江中游的荆江问题比较突出。荆江因隶属于古代的荆州而得名。荆江北岸是江汉平原，南岸是洞庭湖平原，地势低洼，由于荆江河道弯曲，洪水宣泄不畅，故极易溃堤成灾，素有"万里长江，险在荆江"之说。荆江成就了湖北、湖南的鱼米之乡，但在大暴雨期间也会造成水患连连，百姓生命财产受到威胁。

新中国成立之后，毛泽东非常重视长江中游尤其是荆江地区的水患问题。1950年10月，毛泽东在听取邓子恢汇报荆江分洪意见之后，与周恩来、刘少奇共同商定，部署荆江分洪工程，治理水患。荆江分洪工程难点有二：一是当时财力物力有限；二是分洪涉及湖南湖北的各自利益。1952年2月，以毛泽东同志为核心的党的第一代中央领导集体决定，实施荆江分洪工程，在出现异常洪水时，实施分洪，并对什么是异常洪水、分洪的时间和办法、分洪组织救护、转移百姓等都作了详细安排。

1952年5月，毛泽东亲自为工程题词："为广大人民的利益，争取荆江分洪工程的胜利。"①三十万分洪工程大军，全力奋战，仅仅用了75天时间，就完成了这一巨大工程，堪称人类水利史的奇迹。荆江分洪工程为抵御1954年长江发生的百年一遇的特大洪水和1998年长江特大洪水的灾害、避免两湖人民生命财产受到巨大损失，作出了重大贡献。

水利奇迹：荆江分洪闸

① 《毛泽东年谱（一九四九——一九七六）》第1卷，中央文献出版社2013年版，第556页。

　　"一定要根治海河"。海河是中国华北地区最大的水系。由于干流河道狭窄多弯，在降雨时期，大量的水会流入海河，给下游天津地区百姓的生命财产造成巨大的损失。毛泽东晚年十分牵挂海河的治理，在多次实地考察后，于1963年11月17日亲笔题写："一定要根治海河"，也意味着开启全面治理海河工程。

　　海河流域跨河北、山西、山东、北京、天津、内蒙古等多个省（自治区、直辖市），治理海河是一个系统性工程，要从根本上解决就必须要有大局意识，要全面规划，综合治理，这需要不同省份合作共治，协同作战。所以在治理海河的实践中，便出现了一方有难、八方支援的场面，形成了一个"大会战"局面。这项巨大的工程，原计划用20年时间完成，在党中央强有力领导下，当地百姓干劲高涨，最后仅用12年时间，就完成了主要工程，又一次书写了人类水利史上的奇迹。

治理海河"大会战"场景

3.成果丰硕、夯实基础：中国共产党为新中国水利事业打下坚实基础

党中央在对大江大河的治理实践中不断深化对治水重要性的认识。从早期"一个率先"（在农村率先进行水利建设），到1958年提出水利建设"三个为主"（以小型工程为主、以蓄水为主、以社队自办为主），再到后期的"大、小、全、管、好"的工作方针，党中央根据国民经济发展情况制定了不同的治水方略，对农田水利进行战略布局。

正是由于党和国家领导人的高度重视、党中央的正确领导，新中国水利事业取得了蓬勃发展。淮河、黄河、荆江、海河取得了决定性胜利，建造了青铜峡水利枢纽、北京密云水库，刘家峡水利枢纽、丹江口水库、葛洲坝水电站等，山水田林路综合治理，农田灌溉11.7亿亩，为旱涝保收、稳产高产作出了重大贡献。

（二）市场导向、水务一体：推动社会主义水利现代化

改革开放以来，我国社会主义现代化建设进入新的发展阶段。随着市场经济的展开，党中央的治水思路、治水方针不断优化，探索出一条中国特色社会主义水利现代化之路。

1.加强经营、全面服务，讲究经济效益

党的十一届三中全会作出了把党和国家工作中心转移到经济建设上来的战略决策，我国水利事业在总结过去成功经验的基础上，通过一系列改革得以发展壮大。在工作重点方面，将水利工作重点转移到以提升经济效益为中心的轨道上，体现水利事业在确保服务的基础上兼顾经济性。在工作方针方面，1983年水利电力部提出水利建设要"加强经营管理，讲究经济效益"的工作理念。第二年，水利电力部又提出"全面服务，转轨变型"的改革方向。在工作管理方面，提出"两个

支柱（征收水费和综合经营）、一把钥匙（建立健全经济责任制）"的措施来提质增效。而后，国务院先后颁布了《水利工程水费核订、计收和管理办法》《关于抓紧处理水库移民问题的报告》《中华人民共和国水法》等法律、行政法规和部门规章，标志着水利工程从无偿供水转向有偿供水，开始探索农村水利、水价、水库移民等多项改革举措。

2. 基础产业、战略地位，多元投入

随着现代化和改革开放的推进，20世纪90年代初，水资源对经济社会发展的支撑性作用日益凸显。国民经济第八个五年计划提出，把水利作为国民经济的基础产业放在重要战略地位。1992年，党的十四大把建立社会主义市场经济体制确立为我国经济体制改革的目标。1995年党的十四届五中全会把水利摆在国民经济基础设施建设的首位。同时，水利建设由国家投资、农民投劳的模式转变为中央、地方、集体、个人多元化投资模式，资金不足问题得到了有效缓解。20世纪90年代水利改革和建设工作进一步深化发展，大江大河治理效果明显，万家寨水利枢纽、三峡工程、小浪底水利枢纽等重点水利工程相继建设完成，太湖、淮河、洞庭湖治理工程取得了重大进展；农田水利得到进一步发展，截至20世纪90年代末，农田灌溉面积达到3.37亿亩。

3. 兴利除害、开源节流，可持续发展

世纪之交，党和国家事业进入全面建设小康社会、加快推进社会主义现代化建设的关键时期，水利事业发展也步入从传统水利向现代水利转型的重要时期。1998年，党的十五届三中全会确定新的水利工作方针："实行兴利除害结合，开源节流并重，防洪抗旱并举。"党的十五届五中全会进一步把水资源与粮食、石油作为国家重要战略性资源，提出走可持续发展道路。2003年，在中央人口资源环境工作座谈会上，胡锦涛强调："水利工作，要继续坚持全面规划、统筹兼顾、标

本兼治、综合治理，坚持兴利除害结合、开源节流并重、防洪抗旱并举，对水资源进行合理开发、高效利用、优化配置、全面节约、有效保护和综合治理，下大力气解决洪涝灾害、水资源不足和水污染问题。"[①]为此，党中央于2011年以中央一号文件的方式出台了《中共中央国务院关于加快水利改革发展的决定》，要求"因地制宜兴建中小型水利设施，支持山丘区小水窖、小水池、小塘坝、小泵站、小水渠等'五小水利'工程建设"[②]。2011年，中央水利工作会提出，探索中国特色水利现代化道路，推进水务一体化发展。

这一时期，党和国家水利事业得到了长足发展，水利基础设施建设大规模开展，南水北调东线、中线工程陆续开工，新的治淮工作拉开序幕，农村饮用水安全保障工程全面推进。截至2009年，全国建成各类水库8.6万余座，大江大河主要河段基本具备了防御特大洪水的能力，农田灌溉面积达8.77亿亩，占全国耕地面积的近一半。

三、强水惠民：中国共产党的为民担当

党的十八大以来，中国特色社会主义进入新时代，实现"两个一百年"奋斗目标和中华民族伟大复兴是新时代党的战略目标和使命任务。习近平总书记立足中华民族伟大复兴战略全局和世界百年未有之大变局，就治水兴水强水发表了一系列重要讲话，作出了一系列重要指示批示，深刻而系统地回答了"新时代为什么做好治水工作、做好什么样的治水工作、怎么做好治水工作"等重大理论和实践问题，形成了逻辑严密、系统完备的治水兴水强水的理论体系，是马克思主

[①]《做好新世纪新阶段的人口资源环境工作确保实现全面建设小康社会的宏伟目标》，《人民日报》2003年3月10日。

[②]《中共中央国务院关于加快水利改革发展的决定》，人民出版社2011年版，第6页。

义基本原理同我国治水实践相结合、同中华优秀传统治水文化相结合的重大理论创新，是中国共产党不懈探索治水规律的理论升华和实践结晶，开辟了党的治水理念、治水方针、治水原则、治水战略的新篇章，开辟了水利事业、治水事业的新境界。习近平总书记关于治水的重要论述为新时代我国治水兴水强水指明了前进方向，提供了根本遵循，是党和国家治水事业必须长期坚持的指导思想。

（一）治水重点任务：写好"三篇水文章"

进入新时代，中国特色社会主义伟大事业迎来了从站起来、富起来到强起来的伟大飞跃。以习近平同志为核心的党中央站在实现社会主义现代化强国和中华民族伟大复兴的战略高度，总结党的百年水利事业发展成功经验，直面新时代治水的困境和问题。习近平总书记指出，"新老问题相互交织，给我国治水赋予了全新内涵、提出了崭新课题"[①]。老问题是指因我国地理地势和气候环境导致的水涝水荒等水患。新问题是指新时代经济社会发展过程中遇到的水资源短缺、水生态损害、水环境污染等困境与挑战。习近平总书记以问题为导向，提出扎实做好"水资源保护和配置""水生态保护和修复""水安全保障和提升"三篇文章，破解治水的新老问题和困境。

以习近平同志为核心的党中央要求做好关于治水的三篇文章，不仅是对现实问题的观照，还是中国共产党治水事业的延伸与发展，更是对中国共产党历代领导集体治水思想的传承、丰富和发展。以毛泽东同志为核心的党的第一代中央领导集体面对重整山河的重任，采取了一系列措施，减少沿岸水土流失、减轻水患造成的百姓财产损失。改革开放之后，以邓小平同志为核心的党的第二代中央领导集体充分

---

① 《习近平关于社会主义生态文明建设论述摘编》，中央文献出版社2017年版，第53页。

认识到水资源保护与经济发展、水利与生态环境之间的辩证关系。邓小平指示说：“把黄土高原变成草原和牧区，就会给人们带来好处，人们就会富裕起来，生态环境也会发生很好的变化。”①以江泽民同志为核心的党的第三代中央领导集体充分认识到洪涝灾害和水资源短缺是中国特色社会主义事业发展的两大难题，强调必须加强水利建设和水资源管理，节约、保护和科学用水。以胡锦涛同志为总书记的党中央强调经济发展要与自然环境的承载能力相适应，要牢固树立人与自然相和谐的观念。2011年中央一号文件公布的《中共中央国务院关于加快水利改革发展的决定》中明确指出，水利关系经济、生态和国家安全，要按照“坚持人水和谐”的原则加快水利事业改革和建设步伐。以习近平同志为核心的党中央把“水资源保护和配置”“水生态保护和修复”“水安全保障和提升”作为新时代中国共产党治水兴水强水的重点工作，充分认识到水安全对经济发展、社会稳定、生态文明建设、国家长治久安、民族永续发展的重要性，以及确保水安全的紧迫感和使命感。

（二）思路方针：节水优先、空间均衡、系统治理、两手发力

思路决定出路。新时代治水兴水强水需要新思路新方针。2014年在中央财经领导小组第五次会议上，以习近平同志为核心的党中央提出“节水优先、空间均衡、系统治理、两手发力”十六字治水新理念新思路。经过一年治水兴水强水实践，2015年在中央财经领导小组第九次会议上，习近平总书记将十六字治水思路上升到治水方针的战略高度，指出：“保障水安全，关键要转变治水思路，按照‘节水优先、空间均衡、系统治理、两手发力’的方针治水，统筹做好水灾害防治、

---

① 冷溶、汪作玲：《邓小平年谱（1975—1997）》下册，中央文献出版社2004年版，第868页。

水资源节约、水生态保护修复、水环境治理。"[①]十六字治水思路、治水方针内涵丰富、逻辑严密，贯穿着辩证法思想。这一新思路新方针，以解决新老水问题的强烈忧患意识，深化对治水规律的认识，是习近平总书记关于治水的重要论述贯穿始终的思想主线，也是新时代治水兴水强水、发展水利事业的前进方向。

"节水优先"，强调治水的关键环节是节水，从观念、意识、措施等各方面都要把节水放在优先位置。习近平总书记深刻指出："现在随着生活水平的提高，打开水龙头就是哗哗的水，在一些西部地区也是这样，人们的节水意识慢慢淡化了。水安全是生存的基础性问题，要高度重视水安全风险，不能觉得水危机还很遥远。"[②]"坚持节水优先，把节水作为受水区的根本出路，长期深入做好节水工作。"[③]习近平总书记强调："要深入开展节水型城市建设，使节约用水成为每个单位、每个家庭、每个人的自觉行动。"[④]"要大力宣传节水和洁水观念，树立节约用水就是保护生态、保护水源就是保护家园的意识，营造亲水、惜水、节水的良好氛围，消除水龙头上的浪费，倡导节约每一滴水，使爱护水、节约水成为全社会的良好风尚和自觉行动。"[⑤]我们要充分认识节水的极端重要性，始终坚持并严格落实节水优先方针，像抓节能减排一样抓好节水工作。

"空间均衡"，强调要树立人口经济与资源环境相均衡的原则，把水资源、水生态、水环境承载力作为刚性约束。长期以来，一些地方

① 《习近平主持召开中央财经领导小组第九次会议强调　真抓实干主动作为形成合力　确保中央重大经济决策落地见效》，《人民日报》2015年2月11日。
② 《大河奔涌，奏响新时代澎湃乐章——习近平总书记考察黄河入海口并主持召开深入推动黄河流域生态保护和高质量发展座谈会纪实》，《人民日报》2021年10月24日。
③ 习近平：《论坚持人与自然和谐共生》，中央文献出版社2022年版，第289页。
④ 《习近平在北京考察工作时强调立足优势深化改革勇于开拓在建设首善之区上不断取得新成绩》，《人民日报》2014年2月27日。
⑤ 《习近平关于社会主义生态文明建设论述摘编》，中央文献出版社2017年版，第116—117页。

对水资源进行掠夺式开发，为求经济增长付出的资源环境代价过大。对于实施南水北调工程，习近平总书记深刻指出，"我国在水资源分布上是北缺南丰，一定要科学调剂，这件事还要继续做下去，发挥好促进南北方地区均衡发展、可持续发展的作用"①，并且明确要求"立足流域整体和水资源空间均衡配置"，"研判把握水资源长远供求趋势、区域分布、结构特征，科学确定工程规模和总体布局"，"用系统论的思想方法分析问题，处理好开源和节流、存量和增量、时间和空间的关系，做到工程综合效益最大化"②。我们要深刻认识到，水资源、水生态、水环境的承载能力是有限的，必须牢固树立生态文明理念，始终坚守空间均衡的重大原则，努力实现人与自然、人与水的和谐相处。

"系统治理"，强调要用系统论的思想方法看待治水问题，统筹治水和治山、治水和治林、治水和治田、治水和治草、治水和治沙等，立足生态系统全局谋划治水。长期以来，许多地方重开发建设、轻生态保护，开山造田、毁林开荒、侵占河道、围垦湖面，造成生态系统严重损害，导致生态链条恶性循环。习近平总书记在谈到加强长江生态环境系统保护修复时指出，"要从生态系统整体性和流域系统性出发，追根溯源、系统治疗，防止头痛医头、脚痛医脚"③。在推动黄河流域生态保护和高质量发展中，习近平总书记强调，"要提高战略思维能力，把系统观念贯穿到生态保护和高质量发展全过程。把握好全局和局部关系，增强一盘棋意识，在重大问题上以全局利益为重"④。我们要坚持从山水林田湖草沙是一个生命共同体出发，运用系统思维，统筹谋划

---

① 《万里长江绘宏图——习近平总书记沪苏纪行》，《人民日报》2020年11月16日。
② 习近平：《论坚持人与自然和谐共生》，中央文献出版社2022年版，第287、289页。
③ 《习近平谈治国理政》第4卷，外文出版社2022年版，第358页。
④ 《习近平谈治国理政》第4卷，外文出版社2022年版，第368页。

治水兴水节水管水各项工作。

"两手发力"，强调要充分发挥市场在资源配置中的决定性作用，更好发挥政府作用。习近平总书记强调，"水是公共产品，政府既不能缺位，更不能手软，该管的要管，还要管严、管好。水治理是政府的主要职责，首先要做好的是通过改革创新，建立健全一系列制度"①。保障水安全，无论是系统修复生态、扩大生态空间，还是节约用水、治理水污染等，都要充分发挥市场和政府的作用。同时要看到，政府是主导不是包办，要充分利用水权水价水市场优化配置水资源，让政府和市场"两只手"相辅相成、相得益彰。

"节水优先、空间均衡、系统治理、两手发力"体现了理论逻辑、历史逻辑、实践逻辑的辩证统一。要深入学习领会习近平总书记关于治水的重要论述，深入贯彻"节水优先、空间均衡、系统治理、两手发力"的治水兴水强水的方针，实现治水思路的转变。

从理论逻辑看，"节水优先、空间均衡、系统治理、两手发力"治水思路植根于马克思主义自然观、生态观、发展观，创新发展了马克思主义关于人与自然关系的思想，贯彻了习近平新时代中国特色社会主义思想的立场观点方法，深刻阐释了水与人、水与生态、水与经济社会等辩证统一关系，展现了我们党对治水规律认识的新高度。

从历史逻辑看，"节水优先、空间均衡、系统治理、两手发力"治水思路根植于对治水与治国关系的深刻认识，是习近平总书记纵览中华民族悠久治水史，传承我国天人合一、道法自然的哲学智慧，准确把握治水规律和保障国家水安全作出的战略选择。

从实践逻辑看，"节水优先、空间均衡、系统治理、两手发力"

---

① 《习近平关于社会主义生态文明建设论述摘编》，中央文献出版社2017年版，第105页。

治水思路来源于对新老水问题的深刻认识和忧患意识，从实现中华民族永续发展的战略高度，破解长期存在的老问题、治水实践遇到的新问题、水利改革存在的深层次问题、人民群众急难愁盼问题等突出矛盾。实践证明，正是由于贯彻了"节水优先、空间均衡、系统治理、两手发力"的治水思路，我国治水事业才取得了历史性成就、发生了历史性变革。

（三）治水原则：生态优先、尊重规律、因地制宜、群力群治

原则是行事的准则。要达到预期目标，必须树立正确的行事准则。进入新时代以来，以习近平同志为核心的党中央在治水兴水强水的新实践基础上，可以说，从坚持生态优先、坚持尊重规律、坚持因地制宜、坚持群力群治四个方面，为做好新时代治水兴水强水工作提供了行动准则。

坚持生态优先的治水原则，是对传统改造自然、征服自然、就水论水观念的突破，要在保护生态、绿色发展中治好水用好水，在推进经济社会健康发展中为子孙后代留下青山绿水，为中华民族留下可持续发展的自然空间。

坚持尊重规律的治水原则，是对以往治水中对水的自然演变规律、经济发展规律、生态建设规律的认识不到位、把握不精当的补救。习近平总书记在中央财经领导小组第五次会议上强调指出："形成今天水安全严峻形势的因素很多，根子上是长期以来对经济规律、自然规律、生态规律认识不够，把握失当。"[①]要弃绝蛮干、硬干的行为和做法。2019年，习近平总书记在黄河流域生态保护和高质量发展座谈会上进一步指出："要尊重规律，摒弃征服水、征服自然的冲动思

---

① 《习近平关于社会主义生态文明建设论述摘编》，中央文献出版社2017年版，第54页。

想。""大禹之所以能成功治理水患，原因在于尊重规律。"①

坚持因地制宜的治水原则，是基于我国国土广袤，不同地区在自然地势、水资源、生态环境特征、经济社会发展等方面存在极大的差异性的现实，在治水兴水强水方面不要搞"一刀切"，不要整齐划一，而要有针对性地开展不同地区不同领域的治水兴水强水工作，为治理不同区域水问题提供科学思路，促进地区经济社会可持续发展。

坚持群力群治的治水原则，是要抛弃单打独斗的治水做法，走群众路线，要善于组织和调动一切社会力量，尤其是善于发挥人民群众力量，最大程度地提高人民群众在治水兴水强水实践中的参与度，破解"干部干、群众看"的局面；要树立全国"一盘棋"思想，涉及治水的各省份各地区都不能袖手旁观，要相互配合、相互合作，举全国之力、全社会之力治理好水资源、水环境、水生态等问题，提高治水兴水强水工作成效，增进民生福祉，推进我国水利事业高质量发展。

（四）战略举措："江河战略"、构建国家水网

伟大事业的发展离不开战略举措。党的十八大以来，习近平总书记就高质量推进新时代治水兴水强水事业提出了"江河战略"、构建国家水网等战略部署，以此作为抓手推动我国水利事业蓬勃发展。

"江河战略"。"江河战略"是以习近平同志为核心的党中央，着眼于中国式现代化全局，以高质量发展为目标，以大江大河保护治理为牵引，统筹发展和安全，擘画让江河湖海永葆生机活力的发展之道。2021年10月22日，习近平总书记在主持召开深入推动黄河流域生态保护和高质量发展座谈会上的讲话中指出："这些年，我多次到沿黄河省区考察，对新形势下解决好黄河流域生态和发展面临的问题，进行了

① 习近平：《在黄河流域生态保护和高质量发展座谈会上的讲话》，《中国水利》2019年第20期。

一些调研和思考。继长江经济带发展战略之后，我们提出黄河流域生态保护和高质量发展战略，国家的'江河战略'就确立起来了。"①国家"江河战略"是推动高质量发展、实现中国式现代化的战略选择，是夯实国家水安全保障的必然要求，是新时代我国治水兴水强水事业的"牛鼻子"，必将为强国建设、民族复兴提供重要保障。

构建国家水网。水是生命之源、生产之要、生态之基，是人类生存发展不可或缺的重要自然资源。我国不同地区不同区域水资源分配不均衡，全国经济社会快速发展需要国家水网来支撑。2021年5月14日，习近平总书记在推进南水北调后续工程高质量发展座谈会上强调："要加快构建国家水网，'十四五'时期以全面提升水安全保障能力为目标，以优化水资源配置体系、完善流域防洪减灾体系为重点，统筹存量和增量，加强互联互通，加快构建国家水网主骨架和大动脉，为全面建设社会主义现代化国家提供有力的水安全保障。"②习近平总书记指出："水网建设起来，会是中华民族在治水历程中又一个世纪画卷，会载入千秋史册。"③

2022年4月26日，习近平总书记主持召开中央财经委员会第十一次会议，会议指出要加强水利等网络型基础设施建设，把联网、补网、强链作为建设的重点，着力提升网络效益，加快构建国家水网主骨架和大动脉。建设一个什么样的国家水网，怎样建设国家水网，以习近平同志为核心的党中央站在中华民族永续发展的全局和战略高度，亲自擘画、亲自部署、亲自推动，为做好国家水网建设工作指明了方向，

---

① 《大河奔涌，奏响新时代澎湃乐章——习近平总书记考察黄河入海口并主持召开深入推动黄河流域生态保护和高质量发展座谈会纪实》，《人民日报》2021年10月24日。

② 习近平：《论坚持人与自然和谐共生》，中央文献出版社2022年版，第289页。

③ 《"中华民族的世纪创举"——记习近平总书记在河南专题调研南水北调并召开座谈会》，《人民日报》2021年5月16日。

提供了根本遵循，必须长期坚持、全面落实。

2023年5月，中共中央、国务院印发《国家水网建设规划纲要》，这是当前和今后一个时期国家水网建设的重要指导性文件，在这张推动完善国家水网主骨架和大动脉的宏伟蓝图中，"系统"一词出现了20余次。《国家水网建设规划纲要》明确了国家水网总体布局和重点任务。一是加快构建国家水网主骨架。国家水网主骨架由主网和区域网组成。其中主网是以长江、黄河、淮河、海河四大水系为基础，以南水北调东、中、西三线工程为输水大动脉，以重大水利枢纽工程为重要调蓄节点形成的流域区域防洪、供水工程体系。未来根据国家长远发展战略需要，逐步扩大主网延伸覆盖范围，与区域网互联互通，形成一体化的国家水网。二是畅通国家水网大动脉。充分发挥长江、黄河等国家重要江河干流行洪、输水、生态等综合功能，加快完善南水北调工程总体布局，扎实推进南水北调后续工程高质量发展。三是建设骨干输排水通道。合理布局建设一批跨流域、跨区域重大水资源配置工程和江河防洪治理骨干工程，形成南北、东西纵横交错的骨干输排水通道。四是统筹发展和安全。从完善水资源配置和供水保障体系、流域防洪减灾体系、河湖生态系统保护治理体系三个方面，作出了国家水网建设重点工程布局。五是明确了国家水网高质量发展要求和保障措施，确保如期完成确定的目标任务。该纲要的印发，标志着党中央、国务院就国家水网建设作出重大决策部署。

建设国家水网的目标就是"系统完备、安全可靠，集约高效、绿色智能，循环通畅、调控有序"，这二十四个字系统地回答了"建设一个什么样的国家水网，怎样建设国家水网"的问题。具体来讲：系统完备，就是要综合考虑防洪排涝、水资源配置与综合利用、水生态系统保护等综合功能，构建互联互通、丰枯调剂、有序循环的综合性系统性水流网络。安全可靠，就是水网工程安全性和可靠性要显著提升，水安全风险防控能力和防灾减灾能力大幅度提高，能够有效应对特大洪涝、特大干旱这种灾害以及突发水事件。集约高效，就是水利基础设施网络效益要充分发挥，水资源节约集约高效利用水平要大幅提升，人口、经济、产业布局与水资源承载能力相适应。绿色智能，就是要实现水利基础设施规划设计、建设运行全过程全周期绿色化，水生态环境质量要明显改善，国家水网调度运行实现数字化、网络化、智能化。循环通畅，就是国家骨干网及省市县水网实现互联互通，泄洪、排水、输水和循环利用能力要最大程度地提升。调控有序，就是水资源调配能力要进一步提升，实现国家骨干网与省市县水网联合调度，有序调蓄河道径流，实现水资源的优化配置。

当前，我国已初步形成"南北调配、东西互济"的水资源配置总体格局，在此基础上，以联网、补网、强链为重点，重点把握好"纲、目、结"三要素的科学布局，以大江大河干流及重要江河湖泊为基础，以南水北调工程东线、中线、西线为重点，科学推进一批重大引调排水工程规划建设，加快构建国家水网主骨架和大动脉，构建国家水网之"纲"；加快国家重大水资源配置工程与区域重要水资源配置工程的互联互通，推进区域河湖水系连通和引调排水工程建设，形成城乡一体、互联互通的水网格，织密国家水网之"目"；加快推进控制性调蓄工程和重点水源工程建设，综合考虑防洪、灌溉、供水、航运、发电、生态等综合功能，加强流域水工程的联合调度，提升水资源调控能力，打牢国家水网之"结"，加快构建"系统完备、安全可靠、集约高效、绿色智能、循环通畅、调控有序"的国家水网，全面增强我国水资源统筹调配能力、洪水保障能力和战略储备能力，为全面建设社会主义现代化国家提供有力的水安全保障。

20世纪末，我国的水行政主管部门结合水行业的发展变化，提出城乡水务一体化管理改革，并在全国推广。1993年7月，深圳成立中国首个城市水务局，开始了我国水行政主管部门对城乡涉水事务的管理，我国的城乡水务一体化管理取得了长足的发展。2005年6月，水利部联合中国电力建设集团有限公司重组中国水务投资有限公司（以下简称中国水务），作为国家级专业从事水务环保投资和运营管理公司，以为社会提供清洁安全水源、为股东创造最大价值为宗旨，主要从事原水开发和供应、区域间调水、城市供排水和苦咸水淡化等水务行业投资运营管理及相关增值服务。2018年3月，根据第十三届全国人民代表大会第一次会议批准的国务院机构改革方案，将水利部的水资源调查和确权登记管理职责整合，成立中华人民共和国自然资源部；将水利部的编制水功能区划、排污口设置管理、流域水环境保护职责整合，成立中华人民共和国生态环境部；将水利部的有关农业投资项目管理职责整合，成立中华人民共和国农业农村部；将水利部的水旱灾害防治相关职责整合，成立中华人民共和国应急管理部；为优化水利部职责，将国务院三峡工程建设委员会及其办公室、国务院南水北调工程建设委员会及其办公室并入水利部。

党的十八大以来，习近平总书记站在中华民族永续发展的战略高度，提出"节水优先、空间均衡、系统治理、两手发力"的十六字治水思路，确立国家"江河战略"，擘画国家水网等重大水利工程，为新时代水利事业提供了强大的思想武器和科学行动指南，在中华民族治水史上具有里程碑意义。在习近平总书记的掌舵领航下，在习近平新时代中国特色社会主义思想的科学指引下，社会各界关注治水、聚力治水、科学治水，解决了许多长期想解决而没有解决的水利难题，办成了许多事关战略全局、事关长远发展、事关民生福祉的水利大事要事，我国水利事业取得历史性成就、发生历史性变革。十余年来，我国水旱灾害防御能力实现整体性跃升，农村饮水安全问题实现历史性解决，水资源利用方式实现深层次变革，水资源配置格局实现全局性优化，江河湖泊面貌实现根本性改善，水利治理能力实现系统性提升①。

---

① 参见《水利事业发生历史性变革》，《人民日报》2022年9月14日。

第二章
中国水务融入城乡水务一体化的责任担当

中国水务前身为中国灌排技术开发公司，2004年，根据水利部党组的批复，更名为中国水务投资公司。2005年，根据公司战略发展需要，重组改制为中国水务投资有限公司。2024年，为适应公司进一步发展需要，更名为中国水务投资集团有限公司。中国水务自重组以来，积极践行习近平总书记"节水优先、空间均衡、系统治理、两手发力"的治水思路，主动承担起国家级水务企业的社会责任担当，始终立足全面推进乡村振兴、区域协调发展、新型城镇化、节约利用、环境保护和美丽中国建设，从城市到乡村不断拓展公司业务，聚焦供水与排水（治污）两大主业，推动城乡水务一体化的高标准建设、高安全运营、高质量发展。践行社会责任，以为社会提供清洁安全水源为宗旨，打造价值卓越的国家级水务旗舰企业。

一、城乡水务一体化发展面临的新形势新任务

早在2005年，习近平同志就在《务必改革开放促"三农"》一文中指出，"城乡分割的二元结构和制度安排，严重制约着城乡一体化的推进"[①]。党的十七大提出要长期形成一种用工业促进农业、以中心城市发

[①]　习近平：《之江新语》，浙江人民出版社2007年版，第105页。

展带动农村经济发展的机制，把"统筹城乡"提升为"城乡一体化"。《中共中央关于推进农村改革发展若干重大问题的决定》在"推进农村改革发展的指导思想、目标任务、重大原则"一节中明确提出，"把加快形成城乡经济社会发展一体化新格局作为根本要求"①，并把"城乡经济社会发展一体化体制机制基本建立"作为到2020年农村改革发展的基本目标任务，旨在促进公共资源在城乡之间均衡配置、生产要素在城乡之间自由流动，推动城乡经济社会发展融合实现城乡规划一体化、产业布局一体化、基础设施建设一体化和公共服务一体化等②。

　　城乡一体化，是一项重大而深刻的社会变革，不仅是思想观念的更新，也是政策措施的变化；不仅是发展思路和增长方式的转变，也是产业布局和利益关系的调整；不仅是体制和机制的创新，也是领导方式和工作方法的改进。习近平总书记在2015年中央政治局第二十二次集体学习时指出："要把工业和农业、城市和乡村作为一个整体统筹谋划，促进城乡在规划布局、要素配置、产业发展、公共服务、生态保护等方面相互融合和共同发展。"③习近平总书记强调："我们一定要抓紧工作、加大投入，努力在统筹城乡关系上取得重大突破，特别是要在破解城乡二元结构、推进城乡要素平等交换和公共资源均衡配置上取得重大突破，给农村发展注入新的动力，让广大农民平等参与改革发展进程、共同享受改革发展成果。"④因而，必须建设规划科学、基础设施健全、公共服务均等的新型城镇，实现城镇化、工业化、农业现代化的协调发展，促进城乡一体化。实施乡村振兴战略、实施区域协调发展战略、推进新型城镇化、全面促进资源节约和环境保护，是促进城乡一体化的

① 《改革开放以来历届三中全会文件汇编》，人民出版社2013年版，第148页。
② 《改革开放以来历届三中全会文件汇编》，人民出版社2013年版，第149页。
③ 《习近平关于社会主义经济建设论述摘编》，中央文献出版社2017年版，第188页。
④ 习近平：《论"三农"工作》，中央文献出版社2022年版，第156页。

重大战略部署，也为中国水务深入推进城乡水务一体化发展提供了政策背景与广阔舞台。

（一）乡村振兴战略

从人类社会发展历程来看，一个国家、一个地区现代化的过程，是一个农村与城市分离的过程。自20世纪50年代我国开启现代化进程以来，农业逐步放缓，工业化进程不断加速，形成了城乡二元经济社会结构。城乡二元结构，一方面推动了工业化、城市化的发展，另一方面拉大了城乡居民收入差距，城乡发展不均衡的现象出现。20世纪90年代开始，党中央开始调整城乡二元结构，对农业农村实行"多予、少取、放活"方针。此后又实行了以工补农的城乡统筹发展战略和以工促农、以城带乡的城乡一体化发展战略，同时，调整城镇化发展战略，促进城乡之间均衡发展。

2021年2月25日，习近平总书记在全国脱贫攻坚总结表彰大会上宣告："我国脱贫攻坚战取得了全面胜利，现行标准下9899万农村贫困人口全部脱贫，832个贫困县全部摘帽，12.8万个贫困村全部出列，区域性整体贫困得到解决，完成了消除绝对贫困的艰巨任务，创造了又一个彪炳史册的人间奇迹！"[1]脱贫攻坚战的全面胜利，标志着我们党在团结带领人民创造美好生活、实现共同富裕的道路上迈出了坚实的一大步。

脱贫摘帽不是终点，而是新生活、新奋斗的起点。当前，我国的城市发展水平已经比较高了，我国的农业发展很快，农村人均收入和城镇人均收入的差距正在缩小，但是农村的发展还有一些问题需要解决。比如，农村的基础设施建设还要加强，把我国建成富强民主文明和谐美丽

---

[1] 《习近平谈治国理政》第4卷，外文出版社2022年版，第125页。

的社会主义现代化强国的短板在农村。如果我们不把农村全面发展起来，不能使乡村振兴，那我们的第二个百年奋斗目标就难以实现。

乡村振兴战略是习近平总书记于2017年10月18日在党的十九大报告中提出的。党的十九大报告指出，要实施乡村振兴战略。农业农村农民问题是关系国计民生的根本性问题，必须始终把解决好"三农"问题作为全党工作的重中之重。2018年9月，中共中央、国务院印发了《乡村振兴战略规划（2018—2022年）》，并发出通知，要求各地区各部门结合实际认真贯彻落实。2021年2月25日，国务院直属机构国家乡村振兴局正式挂牌。2021年4月29日，十三届全国人大常委会第二十八次会议表决通过《中华人民共和国乡村振兴促进法》。

乡村振兴和脱贫攻坚实际上是一个问题的两个方面，而不是两个问题。乡村振兴解决的是乡村的发展问题，而贫困又是乡村发展中的一个最大、最核心的问题。所以解决了绝对贫困问题，实际上是解决了乡村振兴工作中的一个最大的短板。可以说，乡村振兴是脱贫攻坚的一个升级版，脱贫攻坚是乡村振兴的一个基础性工作。从聚焦贫困这样一个相对窄的乡村发展，向比较宽的乡村振兴方面转变，这是一个工作连续的过程。从国务院扶贫办转化为国家乡村振兴局，这样一个制度设计，实际上是有机的体制衔接过程。

脱贫攻坚奠定了走向乡村振兴的基础，但基础设施和公共服务水平整体还不是很高。对于贫困地区而言，改善基础设施和提升公共服务水平是增强其自我发展能力的基础。在脱贫攻坚阶段，国家投入大量的扶贫资金，用于农村安全饮水工程、贫困村输电工程、村村通公路、户户通步道、户户通网络、土地整治、易地搬迁等，在一定程度上改善了基础条件，提升了公共服务水平。但值得注意的是，这些措施是基于脱贫标准来建设的，尚不能满足乡村振兴对基础设施的要求。

例如一些贫困村虽然建好了饮水工程，但缺少标准化水厂的设备和技术，饮用水无法做净化和消毒处理。

"产业兴旺、生态宜居、乡风文明、治理有效、生活富裕"，是党的十九大报告中提出的实施乡村振兴战略的总要求。二十字的总要求，反映了乡村振兴战略的丰富内涵。21世纪初，我国刚刚实现总体小康，面对全面建设小康社会的任务，中国共产党提出了"生产发展、生活宽裕、乡风文明、村容整洁、管理民主"的社会主义新农村建设总要求，这在当时是符合实际的。现在，中国特色社会主义进入了新时代，社会主要矛盾、农业主要矛盾发生了转化，广大农民群众有更高的期待，需要对农业农村发展提出更高要求。

"产业兴旺"，是解决农村一切问题的前提，从"生产发展"到"产业兴旺"，反映了农业农村经济适应市场需求变化、加快优化升级、促进产业融合的新要求。2019年习近平总书记在内蒙古考察时提出："产业是发展的根基，产业兴旺，乡亲们收入才能稳定增长。"[1]乡村振兴的规模和速度与本土产业的发展水平息息相关，应重视发掘和推进本土产业的发展，因地制宜，发挥本土优势，为深入实施乡村振兴战略提供物质基础。

"生态宜居"，是乡村振兴的内在要求，从"村容整洁"到"生态宜居"，反映了农村生态文明建设质的提升，体现了广大农民群众对建设美丽家园的追求。良好生态环境是最公平的公共产品，是最普惠的民生福祉。进入新时代，中国迎来了新的机遇和挑战，随着经济的快速发展和工业化进程的加快，农村的生态环境遭到严重破坏，臭水污水、生活垃圾、厕所问题等极大地影响了农村群众的日常生活和身体健康，恢复农村自然生态、改善农村人居环境迫在眉睫。习近平总书记指

---

[1] 习近平：《论"三农"工作》，中央文献出版社2022年版，第47页。

出："建设好生态宜居的美丽乡村，让广大农民在乡村振兴中有更多获得感、幸福感。"①生态宜居不是一句口号，而是关乎千秋万代、惠及人民的根本事业，是提升农民群众获得感和幸福感的重点。

"乡风文明"，是乡村振兴的紧迫任务，重点是弘扬社会主义核心价值观，保护和传承农村优秀传统文化，加强农村公共文化建设，开展移风易俗的活动，改善农民精神风貌，提高乡村社会文明程度。乡村振兴既要塑形，也要铸魂。习近平总书记多次强调发扬乡土文化的重要性，指明乡土文化是农村生活不可割舍的一部分，"农村是我国传统文明的发源地，乡土文化的根不能断，农村不能成为荒芜的农村、留守的农村、记忆中的故园"②。"要深入挖掘、继承、创新优秀传统乡土文化，弘扬新风正气，推进移风易俗，培育文明乡风、良好家风、淳朴民风，焕发乡村文明新气象。"③乡土文化作为根植于农村大地的精神产物，是发扬社会主义新风尚，增强农民凝聚力的强大动力。

"治理有效"，是乡村振兴的重要保障，从"管理民主"到"治理有效"，旨在推进乡村治理能力和治理水平现代化，让农村既充满活力又和谐有序。习近平总书记强调："要夯实乡村治理这个根基"④，"要加强和创新乡村治理，建立健全党委领导、政府负责、社会协同、公众参与、法治保障的现代乡村社会治理体制，健全自治、法治、德治相结合的乡村治理体系，让农村社会既充满活力又和谐有序"⑤。乡村治理的成效决定着乡村的稳定和美丽乡村的建设，不仅是国家治理体系和治理能力在乡村的具体体现，也关乎着农民群众的切身利益。

---

① 习近平：《论"三农"工作》，中央文献出版社2022年版，第271页。
② 习近平：《论"三农"工作》，中央文献出版社2022年版，第100页。
③ 习近平：《论"三农"工作》，中央文献出版社2022年版，第231页。
④ 习近平：《论"三农"工作》，中央文献出版社2022年版，第294页。
⑤ 习近平：《论"三农"工作》，中央文献出版社2022年版，第254页。

"生活富裕"，是乡村振兴的主要目的，从"生活宽裕"到"生活富裕"，反映了广大农民群众日益增长的美好生活需要。"小康不小康，关键看老乡。"实现农村生活富裕，不仅要靠农民群众个体的努力，还需要党和国家从指导方针、政策资源等方面进行引导和支持，中国的发展离不开农民群体，必须加大脱贫攻坚力度，带领农民群众脱贫致富。

由此可见，乡村振兴是包括产业振兴、人才振兴、文化振兴、生态振兴、组织振兴的全面振兴，是"五位一体"总体布局、"四个全面"战略布局在"三农"工作的体现。我们要统筹推进农村经济建设、政治建设、文化建设、社会建设、生态文明建设和党的建设，促进农业全面升级、农村全面进步、农民全面发展。

2024年1月1日，中共中央、国务院下发了《关于学习运用"千村示范、万村整治"工程经验有力有效推进乡村全面振兴的意见》，这是党的十八大以来第12个指导"三农"工作的中央一号文件，提出有力有效推进乡村全面振兴"路线图"。该意见对农村水务的重点工作提出明确要求，要推进农村基础设施补短板，完善农村供水工程体系，有条件的推进城乡供水一体化、集中供水规模化，暂不具备条件的加强小型供水工程规范化建设改造，加强专业化管护，深入实施农村供水水质提升专项行动；加强农业基础设施建设，推进重点水源、灌区、蓄滞洪区建设和现代化改造，加强小型农田水利设施建设和管护；深入实施农村人居环境整治提升行动，因地制宜推进生活污水垃圾治理和农村改厕，分类梯次推进生活污水治理，加强农村黑臭水体动态排查和源头治理，稳步推进中西部地区户厕改造，协同推进农村有机生活垃圾、粪污、农业生产有机废弃物资源化处理利用；加强农村生态文明建设，持续打好农业农村污染治理攻坚战，一体化推进乡村生态保护修复，推进水系连通、水源涵养、水土保持，复苏河湖生态环境，强化地下水超采治理；加快培养农林水利类紧缺专业人才。

农村供水问题是实现乡村振兴战略的重要一环，关系到农民群众的切身利益，中国水务主动融入以城带乡、城乡融合、乡村振兴等国家战略，推进城乡水务一体化建设，积极发挥国资央企的作用。

（二）区域协调发展战略

自新中国成立之初至改革开放前，我国就开始实施区域均衡发展战略，但是从目标实现程度来看，并没有实现真正意义上的区域经济均衡发展。[①]改革开放以后，区域发展战略发生了重要变化，邓小平在1978年召开的中央经济工作会议上，提出让一部分地区先发展起来的新思路。1988年，邓小平又提出"两个大局"的战略构想：一个是，"沿海地区要加快对外开放"，从而带动内地更好地发展。另一个是，"发展到一定的时候"，"沿海拿出更多力量来帮助内地发展"。[②]伴随我国市场化改革不断推进，经济快速发展带来地区发展不平衡，利益矛盾冲突等问题，促进区域协调发展的重大议题再次被提到党和国家事业发展的重要议事日程，西部大开发战略、振兴东北老工业基地战略、中部崛起战略等相继提出。

党的十八大之后，以习近平同志为核心的党中央对区域协调发展也高度重视，并多次作出重要论述，形成一系列新的战略思想。京津冀协同发展、长江经济带发展、粤港澳大湾区建设、长三角一体化、黄河流域生态保护和高质量发展等区域重大发展战略相继出台，目的就是要通过区域发展规划实现地区间协同发展。党的二十大报告将"促

---

① 洪向华：《完整准确全面贯彻新发展理念》，人民出版社2021年版，第87页。
② 《邓小平文选》第3卷，人民出版社1993年版，第277—278页。

进区域协调发展"作为"加快构建新发展格局，着力推动高质量发展"的五大重点任务之一，明确提出"着力推进城乡融合和区域协调发展，推动经济实现质的有效提升和量的合理增长"。[①]这一系列战略部署为新发展阶段缩小地区发展差距，促进区域经济协调发展形成新格局提供了重要的制度保障。实施区域协调发展战略，是关乎我国经济发展全局的重要战略举措，是贯彻新发展理念、建设现代化经济体系的重要组成部分。

步入新时代以来，习近平总书记深入各地考察调研，多次主持召开座谈会，就推动区域协调发展作出一系列重要部署，希望粤港澳大湾区成为"新发展格局的战略支点、高质量发展的示范地、中国式现代化的引领地"[②]，指出"雄安新区已进入大规模建设与承接北京非首都功能疏解并重阶段"[③]，强调"努力使京津冀成为中国式现代化建设的先行区、示范区"[④]，嘱咐东北"努力走出一条高质量发展、可持续振兴的新路子"[⑤]，要求"进一步推动长江经济带高质量发展，更好支撑和服务中国式现代化"[⑥]，勉励长三角区域"在中国式现代化中走在前列，更好发挥先行探路、引领示范、辐射带动作用"[⑦]。

随着经济社会发展，我国还面临着水灾害频发、水资源短缺、水生态损害、水环境污染等水安全问题，部分区域已出现水危机，继续实施南

---

① 习近平：《高举中国特色社会主义伟大旗帜　为全面建设社会主义现代化国家而团结奋斗——在中国共产党第二十次全国代表大会上的报告》，人民出版社2022年版，第28—29页。

② 《十四届全国人大二次会议〈政府工作报告〉辅导读本（2024）》，人民出版社2024年版，第318页。

③ 《高标准高质量推进雄安新区建设》，人民网，2023年5月13日。

④ 张贵、刘秉镰：《努力成为中国式现代化建设的先行区示范区》，《人民日报》2024年3月26日。

⑤ 陈沸宇等：《努力走出一条高质量发展、可持续振兴的路子》，《人民日报》2023年9月12日。

⑥ 王丹等：《进一步推动长江经济带高质量发展　更好支撑和服务中国式现代化》，《人民日报》2023年10月15日。

⑦ 刘士安等：《更好发挥先行探路、引领示范、辐射带动作用》，《人民日报》2023年12月2日。

水北调等区域协调发展战略势在必行。2021年5月14日，习近平总书记在主持召开推进南水北调后续工程高质量发展座谈会时指出，"自古以来，我国基本水情一直是夏汛冬枯、北缺南丰，水资源时空分布极不均衡。新中国成立后，我们党领导开展了大规模水利工程建设。党的十八大以来，党中央统筹推进水灾害防治、水资源节约、水生态保护修复、水环境治理，建成了一批跨流域跨区域重大引调水工程。南水北调是跨流域跨区域配置水资源的骨干工程。南水北调东线、中线一期主体工程建成通水以来，已累计调水四百多亿立方米，直接受益人口达一亿二千万人，在经济社会发展和生态环境保护方面发挥了重要作用。实践证明，党中央关于南水北调工程的决策是完全正确的。"[1] 回顾中国水务20年来的奋斗历程，就是一部融入区域协调发展战略、取得辉煌成绩的历史。

（三）推进以人为核心的新型城镇化

城镇化，也常被称为城市化、都市化，主要用以表示经济社会发展中乡村逐渐演变为城市的过程。城镇化既是经济发展的结果，又是经济发展的动力，是现代化的必由之路。基于城市和城镇现状以及二元结构等特殊现实，我国将农村人口向城市和小城镇转移的过程统统称为城镇化，并逐渐上升为国家战略。

2000年10月11日，《关于制定国民经济和社会发展第十个五年计划的建议》正式采用了"城镇化"一词，明确提出"积极稳妥地推进城镇化"。2002年10月，党的十六大提出：要从过去片面追求城镇化建设的速度转向逐步提高其发展水平，坚持大中小城市和小城镇协调发展，走中国特色城镇化道路。这是我国第一次公开提出走中国特色

---

[1]　习近平：《论坚持人与自然和谐共生》，中央文献出版社2022年版，第287—288页。

城镇化道路，并且将城乡协调发展作为城镇化道路的基本内容，为新型城镇化指明方向。

此后，在党和国家的重要文件中，多次强调、部署、规划实施城镇化战略。2007年，时任国务院总理温家宝在苏南调研时提出，中国不仅要走新型工业化道路，也要走新型城镇化道路。新型城镇化的概念脱胎于我国传统城镇化曲折探索的历程，在继续强调人口城镇化的目标下，以城乡一体化为最终归宿，走一条以人为本的协调发展之路。

在我们这样一个人口众多的发展中大国实现城镇化，在人类发展史上没有先例。如果城镇化目标正确、方向对头，能走出一条新路，将有利于释放内需巨大潜力，有利于提高劳动生产率，有利于破解城乡二元结构，有利于促进社会公平和共同富裕，而且世界经济和生态环境也将从中受益。这个正确的方向就是新型城镇化，要从我国社会主义初级阶段基本国情出发，坚持以人为本、优化布局、生态文明、传承文化的基本原则，遵循规律，因势利导，使之成为一个顺势而为、水到渠成的发展过程。①

走中国特色、科学发展的新型城镇化道路，核心是以人为本，关键是提升质量，与工业化、信息化、农业现代化同步推进。依据《国家新型城镇化规划（2014—2020）》，衡量新型城镇化的主要指标共4大类、18项指标，其中衡量城镇化水平的指标有2个，即常住人口城镇化率和户籍人口城镇化率。就目前的研究现状而言，对于都市圈、城市群、大湾区等概念的探讨都属于新型城镇化的范畴。

党的十八大报告明确了新型城镇化的发展路径，提出要坚持走中

---

① 中共中央宣传部、国家发展和改革委员会：《习近平经济思想学习纲要》，人民出版社、学习出版社2022年版，第100—101页。

国特色新型工业化、信息化、城镇化、农业现代化道路，并将新型城镇化道路的内涵具体化，进一步明确了"四化"共进的新型城镇化发展路径，体现了党中央在强调城镇化发展的速度的同时，更加注重城镇化发展的质量，开始走上可持续的发展道路。

2013年12月，中央城镇化工作会议在北京召开，这是党中央召开的一次具有里程碑意义的重要会议。习近平总书记在会上发表重要讲话，分析城镇化发展形势，明确推进城镇化的指导思想、主要目标、基本原则、重点任务。会议指出，城镇化是现代化的必由之路。推进城镇化是解决农业、农村、农民问题的重要途径，是推动区域协调发展的有力支撑，是扩大内需和促进产业升级的重要抓手，对全面建成小康社会、加快推进社会主义现代化具有重大现实意义和深远历史意义。

2014年3月，习近平总书记在河南省兰考县委常委扩大会议上强调："推进新型城镇化，一个重要方面就是要以城带乡、以乡促城，实现城乡一体化发展。要打破城乡分割的规划格局，建立城乡一体化、县域一盘棋的规划管理和实施体制。要推动城镇基础设施向农村延伸，城镇公共服务向农村覆盖，城镇现代文明向农村辐射，推动人才下乡、资金下乡、技术下乡，推动农村人口有序流动、产业有序集聚，形成城乡互动、良性循环的发展机制。"[1]同月，《国家新型城镇化规划（2014—2020）》出台，进一步明确了城镇化发展过程中的发展路径、发展目标和战略任务，为今后一个时期我国城镇化健康有序发展提供了指导。2015年10月，党的十八届五中全会再次明确指出，要"推进以人为核心的新型城镇化"[2]。同年11月，习近平总书记在"十三五"规

---

[1]　习近平：《论"三农"工作》，中央文献出版社2022年版，第110页。

[2]　陈锡文：《推进以人为核心的新型城镇化》，《人民日报》2015年12月7日。

划建议中强调，户籍人口城镇化率加快提高，加快落实中央确定的使1亿左右农民工和其他常住人口在城镇定居落户的目标。通过以上改革，农村劳动力合理的流向问题得到有效解决，符合以人为本的主旨要求，为新型城镇化提供了明确的建设方向。

2023年12月29日，国务院总理李强主持召开国务院常务会议，研究深入推进以人为本的新型城镇化有关举措。会议指出，深入推进以人为本的新型城镇化，既有利于拉动消费和投资、持续释放内需潜力、推动构建新发展格局，也有利于改善民生、促进社会公平正义，是推进中国式现代化的必由之路。要深入贯彻党中央关于统筹新型城镇化和乡村全面振兴的部署要求，充分认识新型城镇化发展的巨大潜力和重大意义，牢牢把握以人为本的重要原则，把加快农业转移人口市民化摆在突出位置，进一步深化户籍制度改革，加强教育、医疗、养老、住房等领域投入，推动未落户常住人口均等享有基本公共服务。要聚焦群众急难愁盼问题，着力补齐城市基础设施和管理服务等短板，提高经济和人口承载能力，使城市更健康、更安全、更宜居。

在推进我国城镇化进程中，中国水务主动承担责任，业务范围从城市延伸至农村，从工业用水延伸至农村饮用水，服务对象从城市居民延伸至农村居民。中国水务在20年的发展历程中，一直致力于改变农业、农村、农民的饮用水面貌，为农业农村现代化建设作出了积极和应有的贡献。

（四）全面促进资源节约和环境保护

大自然是人类赖以生存发展的基本条件。人与自然是生命共同体，无止境地向自然索取甚至破坏自然必然会遭到大自然的报复。纵观世界发展史，保护生态环境就是保护生产力，改善生态环境就是发展生产力。良好的生态环境是最公平的公共产品，是最普惠的民生福祉。对人的生存来说，金山银山固然重要，但绿水青山是人民幸福生活的重要内容，是金钱不能替代的。你挣到了钱，但空气、饮用水都不合格，哪有什么幸福可言。①我国经济建设取得了历史性成就，同时也积累了不少生态环境问题，其中不少环境问题影响甚至严重影响群众健康。老百姓长期呼吸污浊的空气、吃带有污染物的农产品、喝不干净的水，怎么会有健康的体魄？②当前，重污染天气、黑臭水体、垃圾围城、农村环境已成为民心之痛、民生之患，严重影响人民群众生产生活，老百姓意见大、怨言多，甚至成为诱发社会不稳定的重要因素，必须下大气力解决好这些问题。③为此，习近平总书记强调，解决好人民群众反映强烈的突出环境问题，既是改善环境民生的迫切需要，也是加强生态文明建设的当务之急。④

生态文明建设是关系中华民族永续发展的根本大计。党的十八大以来，以习近平同志为核心的党中央大力推进生态文明理论创新、实践创新、制度创新，不断深化对生态文明建设规律的认识，形成了习近平生态文明思想。习近平生态文明思想是习近平新时代中国特色社会主义思想的重要组成部分，是马克思主义基本原理同中国生态文明建设实践相结合、同中华优秀传统生态文化相结合的重大成果，是以习近平同志为核心的党中央治国理政实践创新和理论创新在生态文明建设领域的集中体现，是新时代我国生态文明建设的根本遵循和行动指南。

党的二十大报告提出，"中国式现代化是人与自然和谐共生的现代

---

① 习近平：《论坚持人与自然和谐共生》，中央文献出版社2022年版，第26—27页。
② 习近平：《论坚持人与自然和谐共生》，中央文献出版社2022年版，第148页。
③ 习近平：《论坚持人与自然和谐共生》，中央文献出版社2022年版，第16页。
④ 习近平：《论坚持人与自然和谐共生》，中央文献出版社2022年版，第228页。

化"①。这一重要论断是中国共产党人对社会主义建设规律、人类社会发展规律的积极探索和科学认识。人与自然和谐共生是中国式现代化的本质要求之一，人与自然和谐共生是中国式现代化的重要特征，是全面建设社会主义现代化国家的内在要求。改革开放以来，我国经济社会发展取得历史性成就，这是值得我们自豪和骄傲的。同时，我们在快速发展中也积累了大量生态环境问题，成为明显的短板，成为人民群众反映强烈的突出问题。这样的状况，必须下大气力扭转。如果经济发展了，但生态破坏了、环境恶化了，大家整天生活在雾霾中，吃不到安全的食品，喝不到洁净的水，呼吸不到新鲜的空气，居住不到宜居的环境，那样的小康、那样的现代化不是人民希望的。②

习近平总书记高度重视资源节约和环境保护。2013年，习近平总书记在中共十八届中央政治局第六次集体学习时明确将"全面促进资源节约""加大自然生态系统和环境保护力度"作为重点任务，强调指出："节约资源是保护生态环境的根本之策。要大力节约集约利用资源，推动资源利用方式根本转变，加强全过程节约管理，大幅降低能源、水、土地消耗强度，大力发展循环经济，促进生产、流通、消费过程的减量化、再利用、资源化。"③要实施重大生态修复工程，增强生态产品生产能力。良好生态环境是人和社会持续发展的根本基础。人民群众对环境问题高度关注。环境保护和治理要以解决损害群众健康突出环境问题为重点，坚持预防为主、综合治理，强化水、大气、土壤等污染防治，着力推进重点流域和区域水污染防治，着力推进重点行业

---

① 习近平：《高举中国特色社会主义伟大旗帜　为全面建设社会主义现代化国家而团结奋斗——在中国共产党第二十次全国代表大会上的报告》，人民出版社2022年版，第23页。
② 习近平：《论坚持人与自然和谐共生》，中央文献出版社2022年版，第168页。
③ 习近平：《论坚持人与自然和谐共生》，中央文献出版社2022年版，第32—33页。

和重点区域大气污染治理。①

　　尊重自然、顺应自然、保护自然，是全面建设社会主义现代化国家的内在要求。必须牢固树立和践行绿水青山就是金山银山的理念，站在人与自然和谐共生的高度谋划发展。我们要推进美丽中国建设，坚持山水林田湖草沙一体化保护和系统治理，统筹产业结构调整、污染治理、生态保护、应对气候变化，协同推进降碳、减污、扩绿、增长，推进生态优先、节约集约、绿色低碳发展。②习近平总书记在主持召开推进南水北调后续工程高质量发展座谈会上强调，要加强生态环境保护，坚持山水林田湖草沙一体化保护和系统治理，加强长江、黄河等大江大河的水源涵养，加大生态保护力度，加强南水北调工程沿线水资源保护，持续抓好输水沿线区和受水区的污染防治和生态环境保护工作。③要重视节水治污，坚持先节水后调水、先治污后通水、先环保后用水。④

　　2023年7月17日，习近平总书记在全国生态环境保护大会上总结了新时代我国生态文明建设发生的"四个重大转变"，即由重点整治到系统治理的重大转变、由被动应对到主动作为的重大转变、由全球环境治理参与者到引领者的重大转变、由实践探索到科学理论指导的重大转变。"四个重大转变"是对新时代生态文明建设巨大成就的全面总结。全面促进资源节约和环境保护既关系经济发展，也关系社会文明，是改善民生、提高生活质量的必然要求。人与自然和谐共生，必须坚持节约优先、保护优先、自然恢复为主的方针，像保护眼睛一样保护

---

① 习近平：《论坚持人与自然和谐共生》，中央文献出版社2022年版，第33页。
② 习近平：《高举中国特色社会主义伟大旗帜　为全面建设社会主义现代化国家而团结奋斗——在中国共产党第二十次全国代表大会上的报告》，人民出版社2022年版，第49—50页。
③ 习近平：《论坚持人与自然和谐共生》，中央文献出版社2022年版，第289页。
④ 习近平：《论坚持人与自然和谐共生》，中央文献出版社2022年版，第288页。

自然和生态环境，全面促进资源节约和环境保护，增强可持续发展能力，实现中华民族永续发展。

迈入新征程，深入推进新时代城乡水务一体化高质量发展，必须牢牢坚持以习近平新时代中国特色社会主义思想为指导，完整、准确、全面贯彻新发展理念，深入贯彻落实"节水优先、空间均衡、系统治理、两手发力"治水思路，锚定全面提升国家水安全保障能力总体目标，扎实推动新阶段水利高质量发展，为奋力谱写全面建设社会主义现代化国家崭新篇章贡献水利力量。

中国水务以为城乡居民饮水安全提供坚强保障为主责，同时积极参与治污工作，切实贯彻落实党中央关于既要节约资源又要保护环境的要求，谱写了城乡供排水一体化的新篇章。

二、"三为三心"：中国水务推进城乡水务一体化的初心使命

中国水务自成立以来，历经开疆拓土高速发展，标准化、精细化运营提质增效和"二次创业"三个发展阶段，夯基垒台，厚积成势，积累了行业专业优势；以强烈的宗旨意识、服务意识、责任意识和专业服务能力，赢得了政府和百姓的信任。进入新发展阶段，中国水务充分发挥水利部综合事业局和中国电建等股东优势，致力于水资源配置、区域调水、城乡供水、污水处理、再生水利用、污泥资源化利用、固废资源化利用、水生态修复、水环境治理等水务与环保行业投资运营管理及相关增值服务，同时自主研发、推广应用磁性离子树脂净水设备、陶瓷膜高品质供水系统、农村供水集成化设备等技术设备集成，锻造了提供投资融资、规划设计、施工承包、装备制造、管理运营全

产业链一体化集成服务和一揽子整体解决方案的能力，实现了从无到有、从有到好、从小到大的快速发展。

中国水务的业务主要分布在以浙江、山东、江苏为主的东部沿海地区，北部地区的内蒙古、河北、辽宁、黑龙江，南部地区的湖南、安徽、福建、贵州。目前湖北、川渝、广东、新疆等地也在积极拓展市场。全资控股企业133家，控股A股上市公司钱江水利开发股份有限公司（以下简称钱江水利），在全国运营180余个水务、环境及固废处理项目，综合水处理能力约1200万吨/日，其中供水能力超过1000万吨/日，核心指标位居行业前列。

中国水务自重组以来，始终立足国家战略，发挥国资央企优势，讲大局、讲格局，主动承担政治责任、社会责任和经济责任。20年的努力与奋斗，紧扣"为人民创造美好水生态"的使命，"成为价值卓越的国家水务旗舰企业"的愿景，"诚信、专注、拼搏、创新"的价值观，不断形塑中国水务特有的公司文化、兴水为民的服务理念。

（一）为国企增效，让党中央放心

国有企业是由国务院或地方人民政府代表国家履行出资人职责的国有独资企业、国有独资公司以及国有资本控股公司，是党和国家服务全体人民群众生活的重要经济组织，是党和政府干预经济和参与经济的重要手段，在推动我国社会经济发展中发挥着举足轻重的作用。国有企业特殊的身份地位，决定了其承担着政治责任、经济责任和社会责任。

2015年8月，中共中央、国务院颁发的《关于深化国有企业改革的指导意见》载明：国有企业属于全民所有，是推进国家现代化、保障人民共同利益的重要力量，是我们党和国家事业发展的重要物质基础和政治基础。习近平总书记在党的十九大报告中指出，"要完善各类国有资产管理体制，……促进国有资产保值增值，推动国有资本做强做优做大，有效防止国有资产流失。"① 由此可见，国有资产保值增值的重要性不言而喻。

中国水务不仅是国有企业，也是中央直管的企业，国有资产保值增值更是公司建设发展的立足点。在推进城乡水务一体化发展的过程中，中国水务最大限度地盘活、扩充国有资本，降低市场不稳定性带来的风险，不断提升国有经济对经济社会发展的影响，实现对全社会权益的维护与保障。同时，聚焦公司战略发展要求，一体推进"建体系、优管理、强协同、拓项目"各项工作，强化投资意识，重塑公司投资管理体系，充分发挥电建集团兄弟单位协同作用，积极契入中国电建市场营销平台体系，形成了投资引领高质量发展的干事创业氛围，也为公司扩规模、提质量打下了坚实基础。

近年来，中国水务不断强化政治站位，以党建引领业务发展，充分发挥国资优势，营业收入不断增长，充分实现了国有资产增值保值，充分履行了国企的政治责任、经济责任和社会责任，真正做到了让党放心。

（二）为政府解难，让地方政府舒心

水可以安邦、水可以兴国。水是政治，也是民生。新中国成立以来，党和政府高度重视农村饮用水问题。回顾过去，我国农村供水经历了四个发展阶段，即"加强农田水利建设缓解农村饮用水困难""实施防病改水解决农村人畜饮用水困难""加快解决农村饮用水困难"和"解决农村饮用水安全"。

---

① 《习近平著作选读》第2卷，人民出版社2023年版，第27页。

无论是解决农村饮用水困难，还是解决农村饮用水安全，地方政府都是规划者、推进者、提供者，负有主体责任。党的十七届三中全会提出，把加强农村基础设施建设作为党解决"三农"问题的重点工作，把解决农村饮用水安全作为一项民生民心工程来抓。然而，我国农村土地广袤、人口居住分散，解决农村饮用水仅靠当地政府投资、建设和运营，存在着很多困难。党中央立足我国农村实际情况，依据推动"三农"发展的战略要求，提出走市场化发展道路，支持地方政府吸纳外来资金，推动农村饮用水工程的投资、建设和运营。

中国水务始终把项目开发作为工作的重中之重，坚持以市场为导向，以经济效益为中心，充分发挥水利行业背景和品牌优势，先后与山东、上海、浙江、江苏、安徽、湖北、新疆、宁夏、四川、内蒙古等地方政府合作，开拓国内水务市场。截至目前，中国水务业务遍布50余座城市，惠及4000万人口，推动了当地经济社会发展，解决了当地政府的燃眉之急，也赢得了地方政府的高度认同和赞扬。

（三）为百姓添福，让人民群众开心

国家的繁荣富强离不开水，家庭、个人的幸福同样离不开水。随着我国经济社会的发展，农村饮用水关系到每个农村居民的生活质量、身体健康甚至生命安全，可以说，饮用水的安全成为百姓美好生活的重要组成部分。在我国社会主义现代化进程初期，由于多种因素，农村绝大部分地区，农民饮用水的水源主要是河流、湖泊、沟渠、池塘和水库等地表水、地下水或土壤水。由于农村人口居住分散，农民饮用水的水源以分散式、小规模为主，且没有相应的卫生质量监测。另外，分散式饮用水的取水方式主要依靠人力，很少有供水设施，也没有净化消毒等程序，因而农村饮用水存在着一定的安全隐患，直接影

响着农村居民的健康与幸福，也影响着全面建设小康社会和现代化进程。

党的十六届五中全会作出了建设社会主义新农村的战略决策，作为解决好"三农"问题、全面建设小康社会的战略举措。社会主义新农村勾画出了"生产发展、生活富裕、乡风文明、村容整洁、管理民主"的新蓝图。其中，农村饮用水问题关系到人民生命健康，关系到人民群众的生产和生活，是建设新农村的重要内容和衡量指标。2005年12月出台的《中共中央、国务院关于推进社会主义新农村建设的若干意见》中指出，要着力加强农民最急需的生活基础设施建设；在巩固人畜饮水解困成果基础上，加快农村饮水安全建设。2000—2005年，国家实施农村饮水解困工程，投入资金200多亿元，解决了6000多万人的饮水问题。

中国水务立足做强做优做大国有资本和国有企业，主动担负国资央企应有的社会责任，积极参与到农村饮水解困工程之中，与当地政府紧密合作，把农村供排水作为公司业务的重要战场，高标准设计、高水平建设、高效率运营，让农村居民与城市居民一样能喝到安全水、放心水。急国之所急、应国之所需。在有条件的地区，推进城乡水务一体化，实现城乡供水的同源、同网、同质、同服务，不仅大力支持了农村经济社会发展，而且改善了农村的人居环境，提升了农民的生活品质，努力实现经济属性、政治属性和社会属性的有机统一。

实践篇

奋力书写城乡水务一体化的中国水务答卷

党的十八大以来，中国水务深入学习贯彻落实习近平总书记关于国有企业改革发展和党的建设的重要论述，尤其是习近平总书记关于治水的重要论述，强化党建引领、战略牵引、目标指引，苦练内功，积极推进城乡水务一体化向纵深发展，展现出"一条主线""两个主题""三个目标"。"一条主线"，即贯彻落实习近平总书记关于治水、护水、节水、用水重要讲话精神，围绕"两个一百年"奋斗目标和中华民族伟大复兴的目标与使命，主动融入国家乡村振兴战略、区域协调发展战略、新型城镇化、"千万工程"、"八八战略"，在城市与乡村两个领域不断拓展公司业务。"两个主题"，即聚焦供水与排水（治污）两大主题，推动城乡水务一体化的高标准建设、高安全运营、高质量发展。"三个目标"，即公司业务发展充分体现出落实国家要求、社会需求和公司追求，努力让党中央放心、地方政府舒心、人民群众开心。20年的摸索、20年的奋斗，中国水务开拓创新、锐意进取，在祖国大地上探索出姿态万千的供水排水（治污）模式，绘就出一幅幅美丽的画卷。

第三章
城乡供水水源保障的山东水务模式

　　水是人类文明的源头，饮用水充足与安全关系到经济的可持续发展和社会和谐稳定，保障好饮用水安全是人民的基本需求，更是党和国家重要的民生工作。近年来，中国水务自觉扛起国资央企的政治责任、社会责任和经济责任，主动服务地方百姓饮用水安全和经济社会发展需要。

　　稳定充足的水源是保障人民饮用水安全的前提。我国幅员辽阔，但是水源分布不均，山东省地处中国东部沿海、黄河下游，受气候、地形等因素影响，年降水时空分布不均，年降水量多年的变化过程具有明显的丰水枯水交替出现的特点，连续丰水年和连续枯水年现象十分普遍。根据《山东省水安全保障总体规划》，预计到2030年正常年份全省总需水量达356.6亿立方米，枯水年份、特枯水年份需水量达296.9亿立方米、364.2亿立方米，均超出国家下达山东省的用水总量控制指标，水资源供需矛盾十分突出。2022年山东省人民政府发布的《山东现代水网建设规划》中明确指出：要根据山东省自然河湖分布、水利工程现状等情况，形成"一轴三环、七纵九横、两湖多库"的省级水网总体格局，构建山东现代水网主骨架和大动脉。

　　加快构建国家水网，建设现代化高质量水利基础设施网络，统筹解决水资源、水生态、水环境、水灾害问题，是以习近平同志为核心的党中央作出的重大战略部署。山东省是全国第一批入选国家级水网先导区的七个省份之一，也是黄河流域唯一参与国家级水网先导区建设的省份。针对山东省内水源性缺少和水质性缺少等水资源短缺和不平衡现状，中国水务所属山东水务投资有限公司（以下简称山东水务）紧盯政府规划，积极推进水源地建设战略布局、多水源联合调度、跨区域远距离调水，依托地方水源及黄河水、长江水等客水，在山东济南、烟台、滨州、日照、潍坊等地实施了一系列重点水源地建设及河库连通工程，实现了水资源的串点成线、串线成网，优化了区域水网布局，打造了水资源"蓄、联、调、供"一体化的山东水务样板，多措并举为山东地方社会经济发展提供了稳定可靠的水源保障。

一、"引得源头活水来"：齐鲁大地的水源地建设

山东，地处黄河尾闾，是黄河浩荡入海之地。其西部与北部坐落于广袤的黄淮海平原之上，与渤海相依，土地多为黄河泥沙淤积而成，因地域内河流稀缺，部分土壤盐碱化，黄河之水便成为山东多个城市赖以生存的唯一水源。为扎实做好水源地建设工作，山东水务依托引黄干渠、河道，在滨州、聊城等水资源相对短缺城市建设多座平原水库，配套建设泵站和输水管道等基础设施，科学设置蓄水周期，有效调蓄黄河原水，为地方提供稳定可靠的优质水资源，供应当地居民用水、工业用水、农田灌溉等各个领域，有效解决水资源匮乏问题。

（一）水源地建设的基本情况

山东水务自2003年成立以来，经过20余年的发展，在山东省内多

地市投资、建设、运营水务项目，拥有各级次公司30余家，综合水处理能力300万吨/日，其中原水调运规模近200万吨/日。山东水务高度重视长远的水资源战略储备，目前建有6座平原水库，包括滨州市南海水库、滨州市北海水库、滨州市沾化区恒业湖水库、滨州市沾化区清风湖水库、滨州市惠民县孙武湖水库、聊城市高唐县南王水库，年调蓄能力约3亿吨；铺设引调水主管线500余千米，助力项目所在地政府解决水资源短缺和不平衡等问题，提高当地水资源利用率和供水保障率，推动当地社会经济长远发展。

（二）水源地建设的主要做法

山东水务按照中国水务水资源战略布局相关要求，与地方政府合作组建了滨州水务集团有限公司（以下简称滨州水务）、山东水务恒业供水有限公司（因位于沾化区，故以下简称沾化恒业）、山东水务恒源供水有限公司（以下简称恒源供水）、高唐水务集团有限公司（以下简称高唐水务）等多家项目公司，在重点地区投资建设平原水库，蓄调黄河水源，形成从源头到终端的运营模式。

1.滨州市南海、北海水库建设

滨州水务成立于2010年，重点投资建设了南海水库和北海水库。

南海水库分为东、西两个库区，总占地面积2.8平方千米，设计库容995.9万立方米，通过张肖堂灌区渠首沉沙池引蓄黄河水，年调蓄水量4768万立方米，主要承担着为滨州市滨城区市西、杜店、沙河、里则等7个乡镇街道的居民生活及山东魏桥创业集团有限公司（以下简称魏桥集团）、滨州渤海活塞有限公司、山东华建铝业集团有限公司等企业供水的任务，供水区域总覆盖面积为162.4平方千米，受益人口约20万人。

北海水库总占地面积3.24平方千米，设计库容1520万立方米，年调蓄水量3000万～5000万立方米，东靠小开河引黄灌区输水渠，以黄河水为入库水源。配套供水主管网长度为108千米，主要承担魏桥集团、山东鲁北化工股份有限公司等大工业用水，以及城区、乡镇和区内各行政村生活用水等供水任务，担负着整个北海经济开发区经济社会发展的水资源保障重任。

2.滨州市沾化区恒业湖、清风湖水库建设

沾化恒业成立于2003年，先后建成恒业湖和清风湖两座水库及原水泵站等配套工程，其中，恒业湖设计库容1380万立方米，清风湖设计库容997万立方米，均引黄河水经韩墩干渠到潮河干渠，由泵站提水入库，两座水库年蓄水7～8次，年供水量2000余万立方米，主要供应沾化区生产生活用水。2021年8月，为优化区域水资源调配，沾化恒业启动两座水库连通工程建设，在两座水库间铺设压管线22.64千米，以恒业湖为调蓄水库，构建互连互通的水库供水体系，减少明渠蒸发渗漏，缩短清风湖水库冲库时间，有效提高供水效能和保障率。

3.滨州市惠民县孙武湖水库建设

恒源供水成立于2006年，投资建设的孙武湖水库（又名孟家水库）设计库容1230万立方米，库区总占地面积1.49平方千米，分南、北两个库区，主要水源为滨州市簸箕李灌区黄河水源，每年引水1500万立方米，实现供水1049万立方米，主要供应惠民县城区、开发区与周边乡村居民生产、生活用水，以及周边地区工业用水，是惠民县最重要的水源地。

4.聊城市高唐县南王水库建设

高唐水务成立于2009年，投资建设了总库容为1374万立方米的南王水库及处理规模3万吨/日的净水厂，并管辖167千米供水主管网，承

担着城区和12个乡镇办事处的生产、生活用水，并为山东泉林集团热电有限公司、山东高唐热电有限公司等企业供应原水。南王水库利用位山灌区输引黄河水充库蓄水，平均每年蓄水2～3次，总出水量1522万立方米，其中包括工业用水237万立方米，城区供水790万立方米，农村供水183万立方米，对促进高唐县经济社会可持续发展作出重要贡献。

（三）水源地建设取得的成效

汩汩清流润民心。座座平原水库，宛如颗颗明珠镶嵌于黄淮海平原之上，不仅成为地方用水安全的坚固屏障、经济社会发展的不竭动力，更是生态环境改善的源泉所在，滋润着居民的心田，推动着城市的繁荣，展现出人与自然和谐共生的美好画卷。

守护一方百姓的用水安全。山东水务建设的平原水库所在地、供水服务范围均为省内水资源匮乏地区，有力缓解了地区的水资源供需矛盾。如滨州市北海水库，是为响应国家"黄蓝两区"战略部署，助力城市建设向沿海发展而建设的基础设施，水库的建成有效解决了长期以来当地人们喝咸水、劣质水的难题；沾化区恒业湖、清风湖水库，为整个沾化区"北带"开发、"海上沾化"建设提供原水，是实现沾化经济超越发展的"命脉工程"。各座大小不一的水库引蓄的黄河水，已经成为保障区域经济社会发展和居民饮水安全的生命源泉。

助推经济社会高质量发展。山东水务各水库管理单位始终秉承"服务用户、奉献社会"的企业宗旨，认真履行"使用户满意、让政府放心"的庄严承诺，全力实现"供水安全保障、供水可靠保障、服务贴心保障"，得到地方政府和社会的高度认可，为助推当地经济社会高质量发展贡献了水务力量。滨州北海水务有限公司被评为滨州市生活饮用水卫生管理工作先进单位，荣获"服务北海突出贡献奖"等；沾化恒业获评引黄调水突出贡献单位、城建先锋企业等；惠民县孙武湖水库是惠民县最重要的水源地，其管理单位恒源供水凭借优质管理获评省级水利规范化管理单位。

绘就人水和谐的生态画卷。平原水库的建设，对调整区域小气候，促进植被恢复，保护河段、湿地等具有很好的生态效益。滨州市南海水库作为滨州市"四环五海"城市生态水利的重要组成部分，兼顾了供水和景观相结合，不但突出了黄河文化内涵，突出了碧水绿荫、生态滨州、"北国江南"的特色，也为滨州经济开发区工业、居民用水提供了可靠的水源保障。

（四）实现水资源保障的经验启示

对于水资源相对急缺，急需客水水源补给的地区而言，水源地建设是引蓄水源的点，区域的水网联通就是面。只有因地制宜、科学统筹水源地建设和区域水资源调配，才能更加有效地保障城乡供水水源。为此，山东水务从加强科学规划、技术创新、政企合作、资源统筹等四大方面着手，有针对性地解决水资源短缺问题。

加强科学规划，优化空间布局。山东水务结合地域特点、水资源分布和用水需求，制定了详细的水源地建设规划。充分考虑了水库选址、库容设计、水源调配等因素，确保了水源地建设的合理性和有效性，各平原水库均坐落于区域水资源短缺的城市。

加强技术创新，推动转型升级。山东水务积极引进和应用先进的水质检测手段，解决了水源地建设运行中的一系列管理难题，提高了水源地水质保障能力和供水安全性。滨州市北海水库利用无人机对水库库面进行全覆盖巡检，委托第三方开展水样定期送检，对水库水质进行有效动态监控。

　　加强政企合作，实现良好循环。山东水务始终坚持立足当地、服务当地，不断提升服务水平，优化营商环境，积极开拓市场。山东水务将省内16个地级市划片划区到5个市场开拓工作组，进行筛选、分析、分类，调度各项目公司在其所在区域内发挥属地资源优势，积极对接地方政府及主管部门，建立项目信息跟踪台账，及时掌握项目动态。

　　加强资源统筹，展现国企担当。山东水务积极协调水源地上游单位，提前谋划水资源配置和蓄水工作，确保水源充足。科学落实用水计划管理，及时对接下游用水户，合理分配年度供水任务，切实保障供水安全，践行国企责任担当。

（五）以水网构建促进水源保障的发展愿景

　　针对山东省内水资源分布现状，为更好提高城乡供水水源保障率，山东水务按照山东省"四水统筹"总体目标及中国水务战略要求，结合地方政府规划，在中国水务和山东省水利厅的大力支持下，积极参与山东省现代水网建设和农村供水水质提升专项行动等，在全省大水网构建中贡献山东水务力量。

　　以已建水网为基础，扩展水网覆盖范围。结合骨干水利项目和水网建设要求，充分发挥山东水务存量水网项目优势，继续推动水网向上下游延伸，实现山东水务所属水源工程与地方政府所属水源工程互联互通，区域水网建设更加完善，进一步保障地方发展用水需求。在烟台区域，积极参与莱阳市沐浴水库与栖霞市龙门口水库连通工程，实现区域五座水库互连互通；在威海区域，积极参与威海市长会口水库供水配套工程；在滨州区域，充分利用山东水务建设经营的6座水库，在已建成恒业湖与清风湖水库连通工程的基础上，配合地方政府，扩大原水市场，实施各水库的连通工程，实现多水库联合调度和水资源优化配置，提高水安全保障能力。

发挥运营管理优势，助力政府运维服务。山东水务有20余年持续发展积累的坚实基础，拥有一支强大的水务项目管理运维人才团队，可发挥经营管理、专业技术和高技能人才等优势，利用现代水网建设的契机，加大与各地市、县级政府的托管运维合作，积极争取、协助政府运维存量项目，以轻资产运营的方式积极加入到大水网构建后的运维工作中。通过优化成本控制，发展智慧水务，加强水务项目专业化运营，加快数字化转型，提高项目整体运营效率，努力打造山东区域专业化水务运维服务管理平台。

扩大投资惠及民生，打造现代水网项目。在山东省水利厅的支持下，继续加大与各地市、县的沟通力度，加强合作，充分利用好水网项目清单，做好各新投资项目的调研、分析，争取在山东省级及地市、县级水网构建中多投资项目。

助力城乡供水一体化，提升农村供水水质。依托现有城市供水项目公司，结合当地政府规划，加强央地合作，积极参与开展农村供水水质提升专项行动，实现城乡供水一体化运营，实现存量资产与新建水务水网工程相结合，形成目标同向、优势互补、互利共赢的新发展格局。

二、"全域调水一张网"：打造日照河库"联通联调"样板

调配水，是破解水资源空间分布不均非常有效的办法。新中国成立后不久，毛泽东在视察黄河时创造性提出调水思想。1952年10月30日，毛泽东在听取黄河水利委员会主任王化云汇报后说："南方水多，

北方水少，如有可能，借一点来是可以的。"①之后，他数次提及，逐渐形成中国共产党关于调配水的思想，并在实践中推进世界规模最大的南水北调工程。近年来，山东水务针对山东水资源缺乏以及分布不均等情况，在充分调研和论证基础上，实施水资源调配工作，为当地经济社会发展和城乡居民饮用水提供保障。其中，山东水务所属日照市三联调水有限公司（以下简称日照三联），通过打造"多库串连、河库联调、南北贯通、东西互济"的日照区域水网，使水资源配置不断优化、群众饮水安全得以保障、河湖生态持续向好。

（一）日照河库"联通联调"的基本情况

日照市地处山东东南，属沿海丘陵区，总面积5375.05平方千米，山地丘陵面积占78%，平原占22%，是典型的山丘区地貌。日照市干流长超过10千米或流域面积20平方千米以上的河流62条，无天然湖泊。现有日照、青峰岭、小仕阳3座大型水库，10座中型水库，527座小型水库，全市各类地表蓄水工程总库容14.78亿立方米，总兴利库容9.53亿立方米。全市多年平均降水809.1毫米，多年平均水资源总量14.55亿立方米，水资源总量仅占全省的5.3%。

日照市地域狭小，水资源总量不足，且水资源分布与生产力布局不相适应。国家实施的南水北调和山东省实施的"西水东调"工程，日照市均不受益。针对日照市水资源时空分布严重不均，区域性缺水、季节性缺水和城市水资源供需矛盾日趋尖锐的实际，日照市水利部门立足市情水情，提出了实施"北水南调"（从潮白河向日照市区调水、从日照水库向日照岚山区调水）、"沭水东调"（从沭河流域莒县青峰岭、小仕阳、峤山三座大中型水库以及沭河莒县县城断面以上地表水向日

① 高路：《共和国元勋风范记事》，人民出版社1990年版，第62页。

照市区调水）工程，构筑"多库串连、河库联调、南北贯通、东西互济"的日照河库"联通联调"水网的构想，被日照市委、市政府列为事关全市经济社会发展的重大决策，并逐步组织实施。

日照三联成立于2003年，注册资本金1亿元人民币，下辖日照市兴源水务有限公司、日照市海洋水务有限公司、日照市北调水供水有限公司，是集天然水收集与分配、水资源调配、自来水生产与供应、建设工程施工、中水回用、城镇公共供水、水资源管理为一体的国有企业。

（二）日照河库"联通联调"的主要做法

日照三联积极围绕日照市的调水工作部署，在不占用日照市任何财政资金的情况下，相继投资建成日照水库向市区供水一、二、三期工程，"北水南调"一、二、三期工程，马陵水库并网供水工程，户部岭水库向市区调水工程，潮白河调水工程，林泉河调水工程等10条供水线路，总投资7.6亿元，供水能力近80万立方米/日。打造日照地区日照、小仕阳、青峰岭、马陵、户部岭、峤山水库6座大中型水库以及傅疃河、沭河、南湖河、巨峰河、潮白河5条河流的联通调水，实现河库联调、库库联调，构建日照市区域"大水网"工程，促进区域水务市场巩固拓展，提升水资源利用率和供水保障率，有力保障日照市城市生产生活用水及大工业用水项目。

日照水库向市区供水一、二、三期工程。一期工程于1998年建成，投资3842万元，管线长度15千米，供水规模5万立方米/日，全部采用直径1.0米全封闭地下压力输水管道输水方式。二期工程于2003年建成，投资2260万元，管线长度15千米，供水规模5万立方米/日，全部采用直径1.0米全封闭地下压力输水管道输水方式。三期工程于2009年建成，投资 7647 万元，管线长度 15 千米，供水规模 10 万立方米 / 日，采用直径 1.4 米的预应力钢筒管。主要解决了日照发电厂、木浆厂等临港大工业项目用水以及新市区城市居民生活用水、日照经济开发区工业和城市居民生活用水。

"北水南调"一、二、三期工程。一期工程于 2003 年建成，投资 5435 万元，管线长度 37.5 千米，供水规模 5 万立方米 / 日，采用直径 1.0 米全封闭地下压力输水管道输水方式，解决了日照钢铁控股集团有限公司（以下简称日照钢铁）等临岚山港工业项目及岚山区的城市居民用水。二期工程于 2007 年建成，投资 1.01 亿元，管线长度 37.5 千米，供水规模 10 万立方米 / 日，输水采用直径 1.4 米的钢筒混凝土管全封闭自压输水方式，解决了日照钢铁二期工程用水以及日照工业园中岚桥化工等工业项目的用水问题。三期工程于 2015 年建成，总投资 2.8 亿元，管线长度 35.7 千米，供水规模分管段分别为 30 万、20 万、10 万立方米 / 日，相应管道直径分别为 2.2 米、2.0 米、1.6 米，满足山钢集团日照钢铁精品基地项目、日照钢铁产能扩建等部分用水需求。

马陵水库并网供水工程。该工程上游起于东港区马陵水库坝后放水洞接管点，下游与日照水库向市区供水三期工程联通。该工程于 2011 年实施完成，投资 2367 万元，供水规模 8 万立方米 / 日，输水管道全长 8.03 千米，采用直径 1.0 米的钢筒混凝土管重力自压输水方式。

户部岭水库向市区调水工程。该工程将五莲县潮白河流域户部岭水库的水调到马陵水库，经马陵水库并网供水工程向日照市区供水，工程投资 1.21 亿元，供水规模 5 万立方米 / 日，管线全长 29.01 千米，采用直径 1.0 米的钢筒混凝土管经市北泵站加压到马陵水库。

潮白河调水工程、林泉河调水工程。该工程在潮白河及其支流林泉河新建2座泵站取水，投资497万元，分别铺设长3.76千米、直径0.5米和长0.81千米、直径0.4米的管道，并入户部岭水库向市区调水管线内，作为日照市北经济开发区工业项目以及居民生活用水的补充水源，合计取水规模为400万立方米/年。

（三）日照河库"联通联调"取得的成效

在不占用日照市任何财政资金的情况下，日照三联筹集资金及时建设调水工程，保障了日照市各临港大工业项目用水，有力支撑了日照市经济社会发展。同时严格按照《中华人民共和国水法》及水资源税费征收管理条例等法律法规，依法规范经营，截至2023年，日照三联已实现累计供水16亿多立方米，合计上缴税费超11亿元。目前年上缴税费仍保持在5500万元左右，水库原水费7500万元，年合计上缴财政1.3亿元，为日照市经济社会发展和城市供水安全工作作出了突出贡献。

日照三联基于良好的服务理念、完善的管网体系、有力的保障措施，为日照钢铁、亚太森博（山东）浆纸有限公司、华能日照电厂、山钢集团日照钢铁基地等重大项目提供了三重安全供水保障，实现了服务范围内所有临港大工业项目100%供水安全保障率。

日照三联建设的所有调水工程项目，均采用高标准的全封闭压力管道调水模式，加上日常规范的巡检制度和完善的维修、养护、抢修措施，使输水沿途损耗仅为1%左右，远低于国标的10%，企业自身不耗水、输水保障高、损耗低，做到了水资源高效利用。

（四）日照河库"联通联调"的经验启示

日照三联是按照日照市委、市政府采用市场化手段募集资金建设临港大工业项目配套供水等工程的要求而发起成立的。自成立以来，日照三联借鉴国内水务集团的成功经验，坚持走市场化发展道路，依托水利部、山东省水利厅行业资源和中国水务、山东水务股东优势，按照日照市水网规划积极建设调水工程，成为日照城市供水水网建设的主要参与者。

中国水务、山东水务控股日照三联后，凭借雄厚的平台优势，从注册资本金，日常资金周转，项目建设融资担保、技术、规范化管理等方面为日照三联注入了强劲发展动力。日照三联秉持为社会创效益、为企业谋发展、为职工谋幸福的初衷，持续做好党建引领、标准化管理、科技创新、人才队伍培养等工作，坚持做强供水主业，为临港工业提供安全清洁水源，为股东提供最大价值，为员工提供发展机遇，得到日照市政府、企业、群众的普遍认可。

（五）日照河库"联通联调"的发展愿景

按照中国水务高质量发展新要求，日照三联在做好现有项目运营，实现提质增效的同时，针对日照市水资源实际情况，积极发挥中国水务专业平台优势，抢抓内外市场拓展，实现投资扩规模。

日照市位于胶东半岛南端鲁苏两省交界处，南临江苏省连云港市，北接山东省青岛市、潍坊市，东临黄海，西与山东省临沂市接壤。资源性缺水是日照基本市情，无客水来源，水安全无法保障。随着社会经济的发展，水资源短缺问题，已成为制约经济发展的瓶颈。日照钢铁、山东钢铁集团有限公司（以下简称山钢集团）项目建设的推进，根据山东省最新钢铁产业规划，日照市将陆续新增钢铁产能2000万吨/年，再加上其他临港工业项目用水及城市的发展，预计"十四五"期间日照市年供水缺口约为0.5亿立方米，"十五五"期间日照市年供水缺口为1.0亿立方米，水资源短缺问题日益突出。

日照市是山东省目前唯一没有客水可用的城市，日照北面的青岛市是缺水城市，西边的临沂市目前虽有余水，但远期随着经济发展用水量增加亦没有太多富余水量外调，南面毗邻江苏省的连云港市，已与中国最大的河流长江水系连通，调引长江水理论上水资源量的空间是很大的，经济技术上均可行，量大且成本低。连云港"江水北引"是日照市"跳出日照看日照，跳出山东看日照，积极开拓市外水源"的重大战略部署，对日照经济社会发展具有重要意义，而主要难点在于省际水权交易问题。未来随着政策支持，同时依托中国水务的跨流域管理平台优势，日照三联将充分发挥在项目建设、运营管理、资金筹措等方面的经验作用，共同促进长江水向胶东半岛滨海（日照、青岛、烟台、威海）调水工程尽快实施，助力日照乃至胶东半岛水务市场持续健康发展。

三、"节水保泉"：济南"东联供水"奏响泉水叮咚

"泺水发源天下无，平地涌出白玉壶。"济南以泉水文化而著名，济南的泉水不仅数量多，而且形态各异，精彩纷呈，众多清冽甘美的泉水，从城市地下涌出，汇为河流、湖泊。盛水时节，在泉涌密集区，呈现出"家家泉水，户户垂柳""清泉石上流"的绮丽风光。早在宋代，文学家曾巩就评价道："齐多甘泉，冠于天下。"元代地理学家于钦亦称赞道："济南山水甲齐鲁，泉水甲天下。"

清冽甘美的泉水是济南市的血脉，赋予这座城市灵秀的气质和旺盛的生命力，济南的城市发展、历史沿革、民风民俗也与泉水密切相关，形成了独特的泉水文化。可是随着经济社会的快速发展，各类大

中型企业的兴起，济南市地下水严重超采，造成各大泉水停喷，据历史资料记载：1971年济南市趵突泉等泉群出现有记录以来的首次季节性停喷，此后经常喷喷停停。1999年至2001年，趵突泉曾创下长达926天的停喷纪录。2007年6月8日下午，济南市另一著名泉水黑虎泉在复涌近4年后首次出现停喷，地下水位降至27.3米以下，趵突泉地下水位也跌至27.37米，逼近停喷线。济南市保泉形势已迫在眉睫。济南市政府多次召开紧急会议，于2005年批准兴建济南东联供水工程，2008年8月，济南东联供水工程正式建成通水，开始向济南钢铁集团有限公司（以下简称济南钢铁）等东部主要大企业供应地表水，从而有效减少了济南市地下水开采量，"节水保泉"显现成效。

（一）东联供水的基本情况

济南东联供水工程由山东水务所属山东水务源泉供水有限公司（以下简称济南源泉）负责建设运营，利用济南鹊山水库、济南章丘杜张水库和朱各务水库三个水源地及明水泉水等现有水资源承载力，以黄河水、明水泉水、地表水作为水源，联合调度，互为补充，向东部地区重点企业提供可靠的工业生产原水，从而改善因地下水超采所带来的社会和环境问题，实现水资源的优化配置，满足济南市社会经济可持续发展的需要。

东联供水工程建设分为一期和二期。一期工程重点解决需水最为迫切的济南钢铁和山东章丘发电有限公司（以下简称章丘电厂）的近期用水，二期工程解决以上两家企业的远期用水和华能济南黄台发电有限公司（以下简称黄台电厂）、济南化肥厂有限责任公司等其他企业的生产用水。鹊山水库以向济南钢铁供水为主，杜张水库和朱各务水库以向章丘电厂供水为主。同时，为保证章丘电厂的正常运行，在枯水

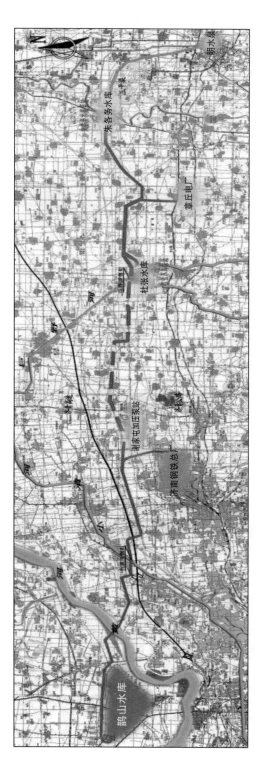

东联供水工程总体布置图

年份，要调引鹊山水库的黄河水供给章丘电厂；在丰水年份，利用杜张水库、朱各务水库拦蓄的明水泉水和地表水，在满足章丘电厂用水的基础上，力争给济南钢铁供水，构成相互联通、互为补充的供水网络，从而提高供水保障率，从根本上解决企业用水问题。

（二）东联供水的基本做法

东联供水工程采取分段建设的办法，分为东段、西段、中间连通段三个部分。东段为章丘水源地至章丘电厂供水工程，西段为鹊山水库至济南钢铁供水工程，中间连通段为济南钢铁至章丘电厂之间的管道连通工程。其中东段由章丘区人民政府于2007年兴建完成。

东联供水工程的西段，即鹊山水库至济南钢铁段，采用政府倡导、市场化运作的模式。2007年2月，山东水务等4家股东单位发起成立济南源泉，负责项目融资、建设、运行、管理。取水泵站和输水主管道（鹊山水库至济南钢铁段）于2008年8月建成通水，每日可向济南钢铁供应地表水约6万立方米。东联二期黄台电厂供水管道于2011年10月建成通水，东联二期炼油厂供水工程于2014年建成通水，每日可向黄台电厂供水约1.6万立方米、向济南炼油厂供水约1万立方米。大桥水厂源水工程于2023年6月建成试通水。

（三）东联供水取得的成效

目前，济南源泉拥有3个取水泵站，45千米供水管线，供水市场覆盖济南市东部城区和济南市新旧动能转换起步区，供水规模达到63万立方米/日。

守护了脚下的"一方水土"。东联供水工程建成前，济南东部地区以济南钢铁为首的多家用水企业大户基本上都是开采地下水用于生产，东联供水工程建成后，每日向济南钢铁供应地表水约6万立方米，有效减少了济南钢铁对地下水的开采，大大节省了宝贵的地下水资源，随着东联供水管网的不断扩大和延伸，逐步实现了济南东部地区各用水企业停止开采地下水、改用地表水的局面，有效贯彻落实了国家关于实行最严格水资源管理的精神。

实现了水资源配置的全局优化。随着东联供水工程、东联二期黄台电厂供水工程、东联二期炼油厂供水工程的建成通水，优质水源源源不断地向济南东部用水大户供应，从而减少了地下水开采量，加上近几年丰厚的降水，济南的地下水位"蹭蹭"攀升，让泉水"先观后用"成为现实。东联供水工程的建设既有利于保障济南名泉常年正常喷涌，也促进实现泉城市民能长期喝优质地下水，既是环境工程，亦是民生工程。

截至2023年末，东联供水工程以地表水置换地下水约5亿立方米，如今的济南，"节水保泉"成效斐然，节水举措深入人心，泉水得以休养生息，流量稳定，水质优良。保泉行动不仅守护了自然之美，更彰显了人与自然和谐共生的理念，泉城因此焕发出新的生机活力。

（四）东联供水的经验启示

随着城市化进程的加快，济南对水资源的需求日益增长。一方面丰富的泉水资源是济南城市形象、居民生活品质的需要，另一方面稳定的地表水源也是城市经济社会发展的可靠保障。东联供水工程的有效运行，助力济南市在泉水保护与经济发展之间找到了平衡点，通过向大工业、城市引入可用地表水源，避免了因过度开采导致地下泉水枯竭的问题，不仅保障了居民和企业的正常用水需求，也为趵突泉等名泉的喷涌提供了源源不断的动力，促进了社会、生态环境等领域的健康发展。

另外，相关产业的转型升级和社会的节水环保意识也同样需要高度重视。推广应用节水技术和设备，加强水资源保护和宣传教育，形成全社会共同参与水资源保护的良好氛围，这也是城乡供水水源保障的一项重要基础。

（五）东联供水的发展愿景

东联供水工程目前管线总长度为45千米，主管道直径DN1600，为单管道，东联供水工程设计供水能力24.4万立方米，当前主要用户为凤凰路水厂、旅游路水厂、黄台电厂、炼油厂、垃圾发电厂等，供水量约23万立方米/日，基本接近原设计供水规模。除此之外，济南市东部城区还有许多为居民生活提供水源的地下水源地，如宿家水源地、东源水源地、白泉水源地、李泉水源地、东泉水源地，这些地下水源地长期开采地下水，且用量较大。

为进一步提高东联供水规模和保障城市供水安全，济南源泉计划铺设东联供水第二条管道，并对东联泵站机组进行改造，再加上大桥水厂源水工程的建成通水，东联供水工程总体供水能力将由24.4万立方米/日提高到63万立方米/日，一旦条件成熟，东联供水可逐步置换目前济南市东部城区地下生活水源，再次为"济南节水保泉"助力，不断扩大供水市场。

四、"南水北奔的中继站"：东线调水的寿光模式

南来之水，不舍昼夜，奔涌北上，润泽齐鲁大地。满足人民群众对优质水资源、健康水生态、宜居水环境的美好生活需要，是南水北

调工程高质量建设的根本意义。山东水务所属寿光南水北调配套工程充分利用山东东线调水在省内布局资源，拓展区域供水服务辐射范围，重点围绕供水保障能力提升工程综合效益、建设运营体制、健全水价和水费收缴机制，实现从水源到用户的精准调度，切实发挥"中继站"的职能作用。

（一）"中继站"建设的基本情况

寿光市，山东省辖县级市，隶属潍坊市，位于山东半岛中部，渤海莱州湾南岸，总面积2072平方千米，户籍总人口111万人。目前全境共有16条河流，分别为弥河、丹河、小清河、塌河、桂河、崔家河、西张僧河、张僧河东支、织女河、阳河、龙泉河、乌阳河、王钦河、伏龙河、跃龙河和益寿新河。最大河流是弥河，纵贯市境南北，将全市分为东西两部分，河流总流域面积5219平方千米。境内诸河，除弥河、小清河有部分径流外，其他河道除汛期外已基本干涸无径流。

2002年，国家南水北调工程山东东线调水项目开始建设，计划通过胶东调水干渠向烟台、威海输送水源，途经寿光北部地区。寿光市着眼未来发展，经规划论证，立项审批，于2009年12月28日正式通过国务院南水北调工程建设委员会批准，在双王城老水库基础上扩建南水北调东线胶东干线工程的重要调蓄水库和配套工程，占地面积7.79平方千米，坝高12.5米，最大库容6150万立方米。2010年8月6日，双王城水库工程全面开工建设。2013年6月，主体工程全部完成开闸蓄水。

（二）"中继站"建设的主要做法

2012年12月，山东水务与寿光市政府合作，成立寿光南水北调供水有限公司，主要负责区域内南水北调配套工程的投资建设和水资源的开发、利用与保护。

南水北调寿光配套工程主要包括水源工程、供水泵站、供水管线等，设计供水能力22.1万立方米/日，总投资4.65亿元，水源工程包括引水闸、管涵、引水渠、节制闸和分水闸，供水泵站包括双王城供水泵站和杨庄供水泵站，供水管线总长93.29千米，北至羊口，南到弥河。

（三）"中继站"建设取得的成效

南水北调寿光配套工程建成投用之后，受水区域不断延伸，供水范围进一步扩大，目前已覆盖7个乡镇（街道），5个工业园区，用水企业已达40家。配套工程双王城主泵站9台机组，累计安全运行15.67万小时，供水突破2亿立方米。

南水北调寿光配套工程的建设，持续优化水资源配置能力，为寿光经济发展提供可靠的客水水源保障，为寿光全国文明城市建设和新农村建设、工业企业转型升级补充"生命之源"，助推寿光全市经济社会高质量发展，百强县市排名再攀新高。

（四）"中继站"建设的经验启示

寿光南水北调配套工程建设运营模式，是中国水务围绕国家战略工程开展的水资源开发利用项目，是发挥国家工程效用，提升县域生态环境，实现水资源优化配置，增强城市综合竞争力的重要工程。

依托原水资源优势，助推工业强市建设。寿光以蔬菜闻名，工业发展基础也十分雄厚。自20世纪80年代起，寿光提出了强农重工的发展思路，大力发展骨干企业，加快规划建设工业园区。寿光南水北调配套工程设计之初，充分考虑工业用水需求，规划管网路径，支持城市工业发展。近年来，寿光严格遵循习近平总书记关于国家水安全战略部署，按照"节水优先、空间均衡、系统治理、两手发力"的治水思路，坚持"以水定城、以水定地、以水定人、以水定产"，充分发挥国家工程调水功能，依托蓄水资源，稳定输送清洁水源，有效缓解工业园区用水压力，保障企业用水安全、稳定生产，降低生产成本，助推企业快投产、快达产、快见效。

人水和谐共生发展，助力生态文明建设。水是生命之源，万物之本。近年来，寿光市充分发挥配套工程资源效能，通过加大生态补水和水源转换措施，打造"河畅、水清、岸绿、景美"的水乡风貌。环境的改善，是寿光打响生态保卫战，坚持底线思维的卓越成绩，也是南水北调国家战略工程和寿光配套工程发挥工程生态效益的具体展现。一方面让南来客水得到充分的利用，另一方面让寿光地下水得到了及时补充和涵养。据相关数据统计，2022年寿光市地下水平均埋深为14.59米，较2016年上升了12.4米。

以水优化营商环境，百强县市再攀新高。生命与水相依、生存与水相伴、发展与水攸关。南水北调配套工程自建成投用以来，以服务寿光经济发展为目标，在"高效稳定、节能降耗"上"做文章"，极大地满足生态、社会、民生和经济对水的需求。近年来，为跟上城市不断发展的脚步，南水北调配套工程加大资金投入，扩大供水管网覆盖范围，在主管网南北贯通的基础上细化支线延伸建设，增大受水面积，进一步提升工程服务能力。配套工程取水的主要水源为双王城水库。双王城水库通过科学规划水资源保障和调配能力，积极参与寿光"大水务"建设，与胶东调水工程、黄水东调工程进行接续联通，进一步优化水源指标，合理利用外调客水，提升水源保障能力。

（五）"中继站"建设的发展愿景

面对水资源的最大刚性约束，寿光南水北调配套工程将最大效能用好水契机，按照寿光市整体水资源规划发展需要，成为建设水网、连通水系的重要一员，在城乡供水一体化、农业用水、生态补水等方面更好地发挥国家工程战略效用。

一是以供水水源、重点水厂为依托，科学划分寿光区域内"供水片区"。利用现有的南水北调配套双王城净水厂，实现"区域互补、管网互通"，促进全市供水资源布局更加均衡，城乡供水"规模化、市场化、水源地表化、城乡一体化"的"四化"目标和"同水源、同水质、同管网、同管理、同服务"的愿景更好实现。

二是缓解农业用水不足局面，有效缓解农业、工业、生活及生态环境竞争用水的局面。对寿光北部盐碱地区土壤进行改良，直接改善农业生产用水条件，显著增强农业抵御干旱灾害的能力，提高灌溉保证率，充分挖掘粮食增产潜力，促进稳产增产和增效增收。

三是持续发挥南水北调生态效益，复苏受水区河湖生态环境，为地下水压采提供重要替代水源。统筹南水北调引江水、引黄水、当地水库水、再生水、雨洪水等水源，实施寿光地区河湖生态补水，通过河湖渗入回补地下水。

南水北调工程是重大战略性基础设施，功在当代，利在千秋。寿光南水北调供水有限公司将持续发挥南水北调配套工程效益，聚焦高质量发展，在保障供水、工程和水质安全的基础上，不断发挥调水功能，充分利用客水资源，进一步优化区域水资源配置格局，确保长江水引得来、通得畅、用得好，实现长江水、黄河水和本地水的优化配置，为寿光经济社会和谐发展持续提供安全可靠的水资源保障。

第四章
水务全产业链一体化投资运营的荣成模式

强国建设、民族复兴是新时代中国共产党的任务与使命。现代化是一个从传统农业社会向现代工业社会转变的历史性过程。传统农业社会以乡村为载体，现代工业社会以城市为载体，因此，在早期现代化过程中，城市化是必然选择，也必然带来乡村的衰落，造成"城乡二元化"现象。但是，当现代化推进到一定阶段后，必须统筹城市与乡村、推进城乡一体化建设，实现城乡融合发展。党的十七大提出城乡经济社会发展一体化发展战略，从城乡规划一体化，产业发展一体化，基础设施建设一体化，公共服务一体化，就业市场一体化，社会管理一体化等方面来推进城乡一体化战略。中国水务积极融入这一战略，按照推进城乡水务一体化建设与管理，形成了山东荣成水务全产业链一体化模式。

一、"四同"：区域城乡供水管理一体化

针对山东省内水资源短缺和不平衡现状，荣成市水务集团有限公司（以下简称荣成水务）认真学习领会习近平总书记关于治水的重要论述，认真贯彻党中央决策部署，按照中国水务水资源战略布局相关要求，依托水利部综合事业局、山东省水利厅行业背景及中国电力建设

集团有限公司（以下简称中国电建）、中国水务资源优势，参与构建山东省域水网体系，创建水务全产业链一体化投资运营模式化，为荣成经济社会发展提供可靠的水源保障。

（一）建立城乡供水管理一体化模式的基本情况

荣成市地处山东半岛最东端，三面环海，海岸线487千米，陆地面积1526平方千米，下设三个区，2023年末，常住人口71.02万人。境内山地、丘陵面积占75%，河流多为季节性、间歇性河流，无外来水源，供水只局限在5个市属大中型水库，年可用水总量1.1亿立方米左右。年平均降雨量770毫米左右，年均水资源总量4.74亿立方米，人均占有量627立方米，仅为中国人均水平的1/4，属严重缺水区。

2006年10月，中国水务以现金、荣成市政府以原国有自来水公司资产入股的形式，共同组建荣成水务，注册资本金1.288亿元；其中，中国水务占股58.23%。荣成水务自成立以来，积极承担政治责任和社会责任，与地方水利部门一起对水资源开发利用进行总体规划，因地制宜地推行荣成区域城乡水务一体化发展，打造区域涉水全产业链，形成了同网、同源、同质、同服务"四同"供水管理模式，助力地方经济协调稳定发展，构建了政企"合作双赢"格局。

（二）城乡供水管理一体化的主要做法

一是同网。以打造城市"大水网"为中长期发展战略，实现全市供水管网互联互通。荣成水务成立之初，由于受地形和水源的限制，公司所属7座净水厂分别建在6座水库和河流上，规模小、供水保证率低，难以形成规模效应。中国水务从荣成发展全局谋划，整合资源打造"大水网"。2015年至2017年，荣成连续干旱少雨，全市5座大中型

荣成市水务集团有限公司

水库水源地水资源总量不断下降，城市供水面临严峻形势。对此，荣成市政府在荣成水务的全力配合下，实施应急调水工程，新建了八河、纸坊、沽河3座应急水厂，提升了供水能力；实施了市区至俚岛、俚岛至成山、八河水库至市区等多项主管网延伸工程，将全市5座集中式饮用水水源地和7座水厂互联互通，将八河水库、纸坊水库以及沽河的原水处理后输送到市区供水主管网，极大地缓解了城市供水压力。随着八河水库增容工程的实施，全市水资源短缺局面得到改善，但到夏秋季节供水高峰期，荣成市崖头、石岛两个主城区供水仍需要调配其他区域水资源，凸显了供水一体化的必要性。

二是同源。大力推行城乡供水一体化，不断将城市供水网络向农村延伸覆盖，让更多的农村居民喝上同城市居民一样的自来水。由于历史和地形原因，荣成境内修建了100多座小型水库和塘坝，周边居民和小型企业多以此为水源地建设小型饮水工程，用水保证率不高、水质不达标。中国水务进驻荣成后，树立了良好的社会形象，社会各界迫切期盼能用上和城市同网、同质、同源的自来水。特别是2020年以来，荣成水务主动承担了实现供水一体化的责任，采取"政府投资、企业运维"的模式，与地方水利部门密切合作，逐步将市区周边乡镇（街道）、村居纳入城市供水管网，彻底解决了这部分人口的生产和饮水安全问题，彰显了水务企业的社会责任。目前，全市924个村中，规模化供水管网覆盖村庄624个，约占总数的七成，供水范围内的村庄可以享受到与城市同网、同源、同质、同服务的自来水，实现了真正意义上的城乡一体化。

修大庄许家村供水设施

三是同质、同服务。助力推进城乡供水管理一体化工作，着力提升农村规模化供水覆盖率。2023年，荣成市政府全面铺开新一轮城乡供水一体化建设，计划至少将262个村接入荣成水务供水管网，最终全市除10%管网覆盖难度较大的偏远村外，其余90%（约790个村）的农村基本纳入城乡一体化供水体系。由于该工程涉及农村范围广、数量多，需要投入大量人力、物力、财力，政府独立推进难度较大，对此，荣成水务积极履行社会责任，配合政府加快工作推进。对于实现供水管网覆盖难度较大的偏远村，市政府采取统一规划建设取水点的方式，实行集中统一供水。在"十四五"期间，预计将基本完成全市规模化供水村庄的供水管网覆盖，最终实现城乡供水全覆盖、同质化。

（三）城乡供水管理一体化取得的成效

通过大力推行城乡供水一体化，荣成水务将5座主要水源地水库的主供水主管道串联，建成了"东西互补，南北联通"的全市供水网络，供水规模由8万立方米/日提高到20万立方米/日，主管线由320多千米拓展到800多千米，服务人口由20万人提高到55万人，覆盖率由30%提高到75%以上，公司出厂水综合水质合格率99%以上，保障用户喝上"优质水""放心水"。荣成水务城乡供水一体化的实践和探索，实现了城乡供水"四同"标准，为推动荣成经济社会高质量发展，推进乡村振兴，发挥了不可替代的重要作用。

同时，以供水为基础，荣成水务在荣成域内不断推动水务产业链延伸发展，目前已建成产业链条长、服务内容全、覆盖面广的城乡供排、治污体系，走出一条既承担社会责任，又持续健康发展的创业之路，实现了"四个满意（政府满意、百姓满意、投资者满意、员工满意）"，成为中国水务在地方涉水全链条产业投资运营的一个成功案例。

（四）城乡供水管理一体化的经验启示

荣成水务城乡供水一体化模式的实践，重点是由政府与水务公司合作，将供水网络实现了互联互通，以此为枢纽，不断向农村延伸覆盖，最大限度统筹配置水资源开发利用，最终实现"同网、同源、同质、同服务"的城乡供水一体化。

一是"同网"实现城乡供水一体化。荣成水务倾力推动城乡供水一体化，打造"精致水务、情润万家"品牌，以建设城市"大水网"为中长期发展战略，将全市5座大中型水库和所辖7座水厂供水主管道串联，建成了"东西互补，南北联通"的覆盖全市的供水网络，在此基础上，每年将主管网向农村延伸覆盖，在覆盖范围内的农村可以接水使用。对于条件成熟的农村，荣成水务将供水设施的管理维护接收过来，将接收后的农村纳入公司"大水网"，统一管理，统一维护，实现了城乡供水一体化。

二是"同源"保障水源充足、水质优良。荣成市农村集中供水大都以周边小型水库、塘坝作为主要水源，但无论是"量"还是"质"都得不到可靠保证，尤其是荣成是严重缺水性城市，受干旱天气影响，农村供水经常面临水源不足甚至干涸的局面。鉴于荣成水务良好的社会形象和优质的供水服务，农村群众期盼纳入荣成水务供水管网的呼声已久。入网后，使用5座城市集中式饮用水水源地的优质水源为农村供水，既保证了充足的水源数量又保证了水质质量，解决了群众饮水的后顾之忧。

三是"同质"确保群众饮水安全。对于纳入公司管网的农村，在水质保障上与城市执行统一标准，对制水过程实行24小时在线监测，各水厂执行"每日检测、每周抽检"的水质保障机制，公司下辖水质监测实验室可以对农村生活饮用水106项指标进行自主检测，确保出厂水水质综合合格率达到98%以上，确保广大农村群众喝上优质水、放心水。

四是"同服务"打造卓越水务品牌。无论是城区还是农村，荣成水务所辖3个自来水公司分区域管理。群众可以通过热线电话、12345市长热线以及民生诉求办理平台等渠道反馈供水问题，由荣成水务统一办理、统一答复，做到急件24小时答复，普件3个工作日答复。各自来水分公司对已接收的农村供水实行抄表到户，并配备专业维修队伍和设备，对城乡供水问题做到"小修不过24小时，大修不过48小时"，彻底解决了农村供水缺乏专业人员、管护不到位、维护资金不足等问题，极大地提高了群众生活幸福指数，唱响了"精致水务、情润万家"品牌。

（五）城乡供水管理一体化的发展愿景

荣成水务城乡供水一体化模式推行时间较早，目前已基本覆盖了全市的供水市场，但随着城市高质量发展和群众对更好用水需求的提升，还需要不断优化完善供水服务，拓展新的供水方式。新征程上，荣成水务将在推进水务数字化管控，拓展小区直饮水，实施水厂标准化智慧化改造，加快推进农村供水设施接收等方面不断实践和完善，逐步建立与城市高度匹配的高质量城乡供水一体化模式。

二、区域供水水源委托管理运营模式

委托管理运营是现代商业成功做法，是将某项业务委托给专业机构或个人进行管理和运营的方式。中国水务下属荣成水务接受当地政府的委托，全权运营饮用水业务。

（一）建立委托管理运营的基本情况

荣成水务成立之前，荣成市水资源管理职能较为分散，城建、水利等部门以及2个主要自来水公司、1个城区污水处理厂包括部分乡镇（街道）都参与其中，形成了"多龙管水"的局面，导致水资源管理、开发、利用、保护等环节机制体制不顺畅，管理存在权责不清、推诿扯皮、效率不高等弊端，阻碍了全市水资源管理能力水平的提升，城市供水和污水处理能力与经济社会发展需求不相匹配，成为制约荣成经济社会快速发展的一大短板。为解决这一矛盾，经过市委、市政府积极争取，荣成市政府与中国水务达成了战略合作意向，授权委托其负责全市的供排水的管理与运营。

（二）委托管理运营的主要做法

荣成水务成立后，为切实加强水资源的统筹配置、科学调配、合理利用、有效保护，加快推进全市水资源管理一体化和水务一体化，荣成市政府与荣成水务在友好协商的基础上，将市管5座集中式饮用水水库水源地委托给荣成水务管理运营。委托管理运营期间，由荣成水务负责市管5座水库的管理和水资源开发利用。

由于荣成是缺水性城市，可利用水资源总量不足，而且市管5座水源地水库库容较小且地理位置分散，给全市水资源统筹配置造成了很大难度。早期的2个自来水公司分别从后龙河水库、逍遥水库和湾头水库取水，供水网络不能互联互通，不能站在全市层面对水源进行统筹配置，供水能力不足。委托管理运营后，荣成水务实现从源头水到出厂水的统一管理运营，对全市水网建设进行统筹规划，打破了以往供水行政区划的限制，为实现全市供水管网互联互通做好了铺垫。

（三）委托管理运营模式取得的成效

开展委托管理运营后，荣成水务与荣成市政府的战略合作关系进一步密切，为推动城乡水务一体化发展创造了有利条件。荣成水务从荣成发展全局谋划，建设了八河水厂和纸坊水厂，实施了全市水网联通工程，整合资源打造全市"大水网"。经过多年不懈努力，将全市5座主要水库水源地的主供水主管道串联，建成了"东西互补，南北联通"的全市供水网络。

（四）委托管理运营模式的经验启示

荣成区域供水水源委托管理运营模式是荣成水务成立之初，为强化政企合作，优化发展环境，快速壮大发展、提升综合竞争力而创建的一种模式。随着政府部门职能优化调整和事业单位改革，这一模式被取消，但对于荣成水务的发展壮大发挥了重要推动和促进作用。

一是为实现荣成水资源管理一体化作出了重要实践。荣成市水资源管理一体化工作在山东省乃至全国都走在前列。2011年，山东省落实最严格水资源管理制度培训班暨全省水资源管理工作现场会在荣成召开，时任水利部副部长胡四一出席会议并发表讲话，荣成市做了典型经验交流。这一成绩的取得，与荣成水务的成立以及水资源委托管理运营有着密不可分的关系，为荣成水资源管理一体化走出了一条新路子。从机制体制看，通过成立荣成水务，整合了水务资源，同时调整荣成市涉水管理职能，由市水利局统一管理，形成了一个部门管理、一个体系运营的良性机制，不仅避免了职能交叉、权责不清、推诿扯皮等弊端，而且由"多龙管水"变为"一龙治水"，荣成水务统一管理、统一调度，对供水人力、管理及技术等资源进行优化重组，有利于降低整体运营成本，提高运营效率。

二是有利于推动建立良好的政企合作关系。荣成水务由于股东背景，在为政府分忧、为社会尽责方面承担了大量工作。通过开展委托管理运营，解决了5座市管水库经营效益不佳，人员设备不足等问题，实现了水库与水厂人员的合理调配，有利于提升整体管理运营效率。同时，通过委托模式，双方战略合作关系进一步密切，主管部门与荣成水务的沟通非常频繁，双方建立了顺畅的工作机制，为后续推动全市水网规划建设，实施应急调水工程等重大事项奠定了坚实基础，也为荣成水务迅速发展壮大，实现自身稳步发展，开拓农村治污等新业务创造了良好的发展环境，巩固了政企合作双赢的有利局面。

三是实现了全市水资源的统筹配置和合理利用。荣成水务成立之初，所属崖头、石岛两个城区的自来水公司均独立运营，所拥有的水厂、管网等设施并不联通。如果遇到枯水年份，两个区域不能资源互补，丰枯相济；而且，荣成唯一的大型水库——八河水库，还有纸坊水库，由于没有建设水厂和配套管网，水资源无法利用，一直是政府和社会所期盼解决的大事。通过取得委托权，荣成水务可以统筹配置5个水源地水资源，具备了逐步延伸拓展供水网络的条件，加上农村饮水安全工程扶持和中国水务的资金支持，使荣成水务下决心逐步推动全市"大水网"建设，最终形成了全市互联互通的供水体系，使荣成有限的水资源能够统筹调配，合理利用，彰显了中国水务的国企担当。

三、"四级融合"：市镇村户城乡治污体系

进入新时代，习近平总书记关于治水的重要论述中不断强调要把生态文明、绿色发展贯穿到经济社会发展的方方面面。同样，为城乡居民提供饮用水也要着眼于生态方面和绿色发展，要把供水与治污统筹起来。荣成水务多年来摸索出"四级融合"式的市镇村户城乡治污

体系，形成可复制的模式。

（一）构建城乡"四级融合"治污体系的基本情况

山东荣成下辖22个镇街，778个村，获得"全国文明城市""中国特色魅力城市""国家生态市""国家环保模范市""国家园林城市""国家生态文明建设示范市""全国绿色发展百强县市"等称号。近年来，荣成市深入贯彻习近平生态文明思想，践行"绿水青山就是金山银山"理念，将污水处理与农村改厕建设相结合，极大改善了农村生态环境。2016年荣成市入选全国农村生活污水治理示范县。2017年7月，全国农村厕所污水治理电视电话会在荣成召开，荣成市介绍推广了荣成经验。荣成水务作为污水处理和农村改厕工作的重要责任单位，创新建立市镇村户治污一体化全产业链，为打通农村污水处理"最后一公里"发挥了关键作用，成为荣成模式中不可或缺的核心要素。

（二）城乡"四级融合"治污体系的主要做法及成效

荣成水务把城乡治污作为服务新型城镇化建设和推动企业高质量发展的重中之重来抓，打好资源牌，用实组合拳，带动提升地区农村污水治理水平。

一是构建市镇村户四级结合的城乡治污体系。多年以来，荣成水务运营的第一、第二污水处理厂始终保持稳定运行，出水水质达标，成为标准化"花园式单位"标杆，得到了政府的高度认可。自2016年开始，政府委托荣成水务陆续接收全市37台乡镇（街道）一体化污水处理设施、614台农村户型污水处理器。自2018年4月开始，又逐步接收了全市16万户农厕的管护运营，彻底打通污水处理"最后一公里"，完整建立了市镇村户四级结合的城乡治污体系。

乔子河农村污水处理设施

二是政府统筹规划确定最佳模式。荣成水务和荣成市地方政府坚持"因地制宜、分类指导"的原则，做到了"分村定位、一村一案"，对污水能直接引入市政管网的36个村居，直接接入周边市政管网，引入市政污水处理厂进行无害化处理；对水源地保护区周边、连片整治村、旅游景点、传统村落和主干公路两侧的236个村居，建设集中式污水处理设施，由荣成水务负责运营管理；对排水较为分散、集中收集困难的510个村居，采用建设三格化粪池的方式，产生的粪液由荣成水务抽取，按照就近原则，送往周边规模以上污水处理厂（设施）进行无害化处理。

三是提升农村治污和改厕管护专业化水平。秉承"专业人干专业事"的理念，荣成水务设立了乡镇污水处理分公司，使农村治污走市场化运营、公司化管理的新路子，解决了乡镇（街道）政府专业管理人员匮乏、管护经费不足、技术标准不高等弊病。2019年，乡镇污水处理分公司投资搭建了网格化智能厕所管理系统，为每个污水处理设施、每个农厕设置信息识别二维码。对需要保修的，由管理员或农户通过

App软件，实行线上上报、线下免费维修。调度中心接到维修申请后，结合问题发生点位、轻重，合理安排维修路线，并通过车载监控系统全程监管，保障服务质量，做到"24小时内维修、48小时内抽取"，最大限度地整合了资源，提升了效率，创造了便利，全面提升了群众的满意度。2021年，荣成水务创新推行网格化管理模式，组建了专业化的管护队伍和维修队伍，实现了全天候无死角管护。目前，农村污水处理设施运行情况良好，出水均达到规定标准，广泛被群众回收，用于冲洗、灌溉等。

四是补齐荣成沿海区域农村治污短板。近年来，荣成市加快实施海洋强市战略，推动传统海洋经济新旧动能转换，但沿海区镇污水处理能力不足成为一大短板。2018年以来，荣成水务积极响应政府要求，筹资建设了人和、龙须、寻山3个污水处理站，农村污水处理能力增加2万吨/日，保障了沿海产业园区发展污水处理需求，极大地改善了生态环境。同时，荣成水务还发挥专业优势，接管沿海地区11家重点民营企业的污水处理设施运维工作，在履行社会责任的同时实现创收增效。

农村抽厕

（三）城乡"四级融合"治污体系的经验启示

多年来，荣成水务一直将和谐稳固融洽的政企合作关系作为发展基石，从政府高度看待问题，从社会角度思考问题，从群众立场解决问题，尽最大努力落实政府工作安排，做好应该做的事情，以工作实效争取政府的信任和政策扶持，共建农村治污和改厕管护长效机制，实现"双赢"。

第一，顶层设计是农村污水治理和"厕所革命"的根本保障。自开展农村生活污水治理和"厕所革命"以来，荣成市始终把这两项工作放到重要议事议程，成立了城乡污水处理一体化管理工作领导小组和农村改厕工作领导小组，统一规划、统一实施、统一运维。坚持"三优先"原则，敏感区域内的优先，基础条件好的优先，"两山"转化有优势的优先，先期试点，典型示范，分类实施，有序梯次推进农村生活污水治理和"厕所革命"。荣成水务作为两个领导小组的成员单位，在治理模式规划、治污参数设定、考核细则制定、运维费用测算等方面积极建言献策，提供可靠参考依据。

第二，政策支持是推动工作顺利实施的重要支撑。荣成水务积极参与并协助荣成市政府制定下发了《关于推行城乡污水处理一体化管理的意见》《农村改厕长效管护机制实施意见》《农厕改造后续管护办法》等文件，力促设立政府专项资金，强化政策资金保障，建立运维长效机制，避免"有钱建设无钱运行，处理系统维护不及时"；荣成市政府结合各区乡镇（街道）沿海内陆地质条件、地方财力等，落实差异化保障机制，加大配套工程投入，优化管护力量配置，为荣成水务治污和改厕管护工作平稳运行强化保障。

第三，监督考核是确保运维质量的关键抓手。荣成市农村污水治理和"厕所革命"由荣成市住建局牵头，荣成水务参与，每月对乡镇（街道）污水处理设施运行情况、出水水质等进行考核。考核结果作为经费拨付的重要依据，若出现污水外溢、出水不达标等问题，相应核减运行费用，此举措极大地调动了乡镇（街道）和第三方工作积极性。荣成水务结合实际运营情况，定期综合测算维护成本，反馈给住建、物价等相关部门，保障公司运维效益。同时，还科学制定了第三方运营费用测算和管理考核细则，定期考核，跟踪督导，真正把好事做好，实事抓实，做到"政府放心、群众满意"，把"民生工程"办成"民心工程"。

第四，多元管理是建立长效机制的必要补充。荣成水务设立的乡镇污水分公司作为管护主体，主要负责专业化运营。但由于农村治污设施建设、改厕后续管护等涉及农村事务、农户利益，不可避免地会出现一些问题和矛盾，乡镇污水分公司作为企业化解起来费时费力且难度较大。对此，荣成市政府采取农村信用、网格化等措施进行多元化管理，突显出政府对法律管不到、道德约束不了的盲区的优势作用。"信用+农村"乡村治理机制，用信用"穿针引线"，有效调动群众参与自治的责任感；实施网格化环境监管，将网格化巡查的"点"与专业化运维的"面"有机结合，构建了以水务企业专业运营为主，信用体系、网格管理等为辅的多元化格局，形成了污水治理人人有责的社会治理共同体，有效化解了矛盾和不稳定因素，确保了公司运维工作的顺利开展。

"乡村美不美，重点先看水"。在荣成政府的大力推动下，在荣成水务的不懈努力下，荣成市农村生活污水得到集中收集和高效处理，杜绝了随意排放污水的现象，有效地保护了农村土壤及地下水安全。生活污水由无序漫流的废水变成农村环境优美的景观水、生态系统良性循环的生态水，变成农业灌溉和农民增收的致富水，擦亮了荣成乡村振兴战略生态宜居品牌，打响了中国水务一流水务企业的卓越品牌形象。

（四）城乡"四级融合"治污体系的发展愿景

荣成水务的市镇村户四级融合的城乡治污体系已日趋完善。目前，公司正在不断优化完善日常管护运营机制，在保障工作正常运转的情况下，加强管理考核，提质增效，力求进一步压缩运营成本，提升运营效益。同时，荣成水务将认真总结分析"荣成模式"经验做法，加大宣传力度，打好"荣成模式"牌，力求跳出荣成市场，实现"模式输出"或"技术输出"，为解决农村治污问题提供"荣成方案"。

第五章
"千万工程"钱江水利模式

国家要强大，乡村必振兴。"千万工程"是"千村示范、万村整治"工程，是中国式现代化的乡村发展的新实践，是乡村全面振兴的先行探索。浙江省20多年持之以恒实施的"千万工程"，是习近平总书记在浙江工作时亲自谋划、亲自部署、亲自推动的农民群众幸福工程，是乡村振兴的红色基因工程。2003年7月，时任浙江省委书记习近平在"八八战略"部署的基础上，就浙江乡村发展作出了实施"千万工程"的决策部署，即选择一万个左右的行政村进行全面整治，并把其中一千个左右的中心村全面建成小康示范村。"千万工程"以乡村人居环境整治和生态建设为切入点，围绕着"绿水青山就是金山银山"的发展理念，开展"污水革命""垃圾革命""厕所革命"等工作，从推动乡村环境建设入手，逐步拓展到农民住房改造、农村公共设施建设等。历届浙江省委、省政府持续推进"千万工程"，彻底改变了浙江省的农村面貌，为浙江农村农业发展和乡村环境建设作出了巨大贡献。20多年来，"千万工程"造就浙江万千美丽乡村，也成为推动乡村振兴、实现农业农村现代化的一项战略工程，让当地农民群众真正过上了美好生活，其中，农村饮用水安全保障是美丽乡村建设中非常关键、不可或缺的重要组成部分。

浙江农村山区多，水资源分布不均，农村供水工作受自然环境和经济社会影响的约束性较强，是一项需要不断完善、持续推进的复杂的系统工程，使命光荣，责任重大。中国水务下属钱江水利响应党中央、国务院关于农村饮水安全和浙江省委、省政府"八八战略"号召，围绕农民群众所急所需所盼，坚持以人民为中心的发展思想，积极主动参与"千万工程"，用心用情用力做好农村饮用水安全保障和项目运维管理，打硬仗、当先锋、做示范，探索出全心全意为农民群众打造美丽生态、美丽经济、美丽生活的城乡融合发展"钱江乡村供水模式"，为浙江省乡村发展作出了贡献。近年来，中国水务以更加有为的姿态融入农业农村现代化的洪流之中，以高质量发展成果彰显国有企业在全面推进乡村振兴、全面建设社会主义现代化国家中的责任、使命和担当，为乡村振兴和农民群众的共富梦托底，回报伟大的时代！

一、钱水建设：服务乡村水务基础建设的"地下舵手"

浙江钱水建设有限公司（以下简称钱水建设）于2019年7月10日在舟山注册成立，注册资本金为人民币5000万元，系浙江省唯一一家以水务为核心产业的国有控股上市公司——钱江水利的全资子公司。公司经营范围以市政公用、海洋、水利、机电工程建设及供排水管道安装、维修、园林绿化、土石方工程施工、工程管理服务、测绘服务、河道采砂、建筑用石加工、光伏安装为主，承建工程业务覆盖舟山、丽水、金西、兰溪、永康、平湖、嵊州等地市。

截至目前，钱水建设完成平湖独山港区工业水厂二期扩建工程（合同价4795.65万元）、金华婺城区2020年农村饮用水达标提标五大标段工程（合同价7152.26万元）等在当地具备较大影响的标志性工程。公司创立以来，依托政策、背景、资本、技术等资源优势，营收及净利润两大考核指标实现逐年跨越式增长，取得了良好的经营业绩和社会贡献度，为浙江水务的行业发展作出重要贡献。

（一）服务乡村水务基础建设模式的基本情况

随着浙江各地区经济的快速发展和农业文化经济的逐渐盛行，金华、丽水、舟山等地区的农村供水基础设施、供水质量等跟不上人民日益增长的美好生活的需求，多地的水厂、管网、水表、供水设备都有待建造、改造、升级。钱水建设作为钱江水利下属建设公司，致力于为农村供水事业发展打好坚实基础。在公司成立起步阶段，具备熟练经验、专业技术的工程管理人员不足，加之公司位于海岛舟山，工程需要跨地区管理，全方位管理难度大。钱水建设迎难而上，主动担当，加强内控管理，提升工程建设水平，顺利完成了承接的多个农村涉水工程，为村民体验更好的用水服务打好坚实的基础，被同行称为"地下舵手"。

（二）服务乡村水务基础建设的主要做法

打造现场管理和远程配合的施工管理模式。自2020年公司接到婺城区农饮水提升改造工程，钱水建设便扎根于全省多地水务基础建设管理，深耕舟山、金华、丽水等地市，参与多个农村水务工程管理，积极参与"我为群众办实事"实践活动。公司项目管理部统筹做好人员现场施工管理排班计划，公司其他部门远程配合好工程管理人员，共同做好每一项工程的建设。常年来，工程管理人员年均300天的工地驻守，日均9小时风雨无阻的现场管理，24小时的闻令而动，在司工作人员的高效配合，促进多个项目提前完成全部工程量，大幅提升了农村水质供水项目、水质提升项目基础建设的速度，实实在在为当地农村水务发展创造有利条件。

形成科学有效和安全生产的多维融合运用。在实践中，钱水建设以安全生产为底线，前仆后继，不断攻坚克难，引入草料二维码辅助施工现场管理，统筹施工人员进退场管理、现场安全检查和施工器械管理，实现施工的高效管理。在此基础上，钱水建设结合各工程实际，不断改进施工方式，总结出多条施工管理经验，以"零安全事故"的优异管理成绩，打造出一个个优异工程。

实现供水升级和饮水条件的双重用水提升。首先，改造水厂，进一步优化水源。完成白沙水厂、柴山水厂的设施改造任务和普陀区桃花镇水厂的设备升级项目，从基建方面保障了水厂的正常运行。其次，升级水表，进一步优化管网。完成2022年兰溪"一户一表"改造工程、2023年增量兰溪"一户一表"改造工程，彻底解决了农户水价加价和水损分摊问题，让居民实实在在用水，明明白白消费。在工程开展中，公司组建联合党小组，在公司"红色工地　钱水先锋"党建品牌创建中发挥党员的先锋模范作用，助推项目加速跑。最后，提升农饮水，进一步优化水质。完成了兰溪二次供水工程、丽水市市政延伸农饮水工程、婺城区农饮水提升改造工程，提供安全、清洁、便捷的饮水条件，持续提高农村居民的生活质量和健康水平。

（三）服务乡村水务基础建设取得的成效

多年来，钱水建设承接工程涉及100多个乡村，累计埋设整修各类供水管道900多千米，受益农村人口23万多人。在乡村振兴的道路上，钱水建设以水为媒，打好农村"水基础"，推动农村经济发展，助力实现共同富裕。

（四）服务乡村水务基础建设的经验启示

按期完工是前提，保质保量是重点。4年来，钱水建设在乡村涉水工程中始终秉持对人民负责的理念，在150余项工程中，严格按照工程要求，把工程质量放在首位，扎扎实实建设好每一项工程，为当地水务发展打好基础。

工程建设是基础，用水保障是初心。目前，由钱水建设负责建设的多个"一户一表"改造工程、二次供水工程、农饮水提升改造工程已正常投入使用。一次次的管道安装、泵装建设、新建净水设备安装、水质在线检测设备安装，让每位村民用上安全水，得到高质量用水服务。只有在这样人水和谐的时候，才是钱水建设真正的价值体现，才是每一个水务人的荣耀时刻。

（五）服务乡村水务基础建设的发展愿景

提质效。面对行业内外的挑战和压力，钱水建设将不断提升自身的核心竞争力，提高工程建设质量和管理水平，不断打造精品工程、特色工程，让公司在市场竞争中占据优势位置。

强本领。优化内部管理制度，形成标准化管理体系；加强队伍梯队建设，保障工程管理，为公司业务发展提供强大内生动力，为涉水工程建设提供可靠支撑。

促发展。依托各兄弟公司，继续做实做好浙江多地农村水务建设相关工程；借助钱江水利平台，将"千万工程"经验运用到省外工程中去；努力突破系统内部圈子，争取在系统外部找到业务来源，获得工程项目，实现公司跨越式发展。

二、钱江供水：聚焦"千万工程"，深耕农村供水

保障乡村饮用水安全，稳定高质量供水是关键。长期以来，浙江钱江水利供水有限公司（以下简称钱江供水）一直致力于抓好抓实农村供水业务，助力"千万工程"建设。

（一）聚焦"千万工程"、深耕农村供水模式的基本情况

乡村是中国式现代化建设的重要战场。"千万工程"是习近平总书记在浙江工作时亲自谋划、亲自部署、亲自推动的一项重大决策，充分体现了习近平总书记在浙江工作时就已经将城乡发展纳入现代化省域建设的理念。20多年来，"千万工程"全面推动中国乡村走上了农业强、农村美、农民富的新征程，乡村面貌发生了巨大变化，农民生活品质实现了飞跃。

钱江供水认真汲取"千万工程"经验中蕴含的科学方法，深刻感悟党的创新理论的真理力量和实践伟力，聚焦农饮水业务，敢于创新、勇于开拓，梳理出农村供水存在的主要问题：

一是农村供水普遍存在"建管分离""重建轻运"的问题。零散的乡镇供水格局造成供水基础设施不能有效共建共享，供水设施的设计供水能力难以充分发挥。不少农村的供水项目在顶层设计方面欠缺，缺少系统性、专业性规划，导致重复建设、低效投资的现象普遍存在，最终结果就是政府的投资没少花，农村供水工作仍在低水平运转。

二是农村供水整体建设和管理标准不高。在农村供水站一体化设备安装、农村供水站运行维护、农村供水管网漏损控制等方面，要么

尚未出台相关标准，要么出台的标准与城镇供水标准相比仍有一定差距。农村供水标准的短板，将会在很大程度上制约农村供水的建设和管理水平。

三是农村供水设施与实际运营环境的匹配性不强。农村供水项目中，项目设备选型与实际运营环境不匹配的问题较为突出。农村供水项目往往地处偏僻，混凝或消毒药剂运输不便；同时，运营专业技术人员缺乏，药剂投加量不够精准，易出现制水消毒不到位、水质不达标，或是药剂投加过量、影响用户口感、水质超标等情况。此外，农村供水水源往往具有水质稳定性差的特点，常规一体化制水设施在原水水质大幅波动的情况下，难以保证水质稳定达标。

四是农村供水的专业运营管理能力欠缺。农村供水项目有别于城市集中供水，工艺流程较短，工艺类型繁杂，且布局分散，相应地，对于项目的运维提出了很高的要求。很多地方政府花了大力气投入单村供水、一体化供水设施建设，前期效果确实很好，但由于在运行维护上缺乏专业队伍，最终导致投入大、收效小。

（二）聚焦"千万工程"、深耕农村供水的主要做法

钱江供水以《浙江省农村饮用水达标提标行动计划（2018—2020）》为契机，致力拓展农村饮用水业务，积极打造"水处理整体解决方案提供商"的新模式，助力城乡融合和乡村振兴。

第一，主动求变，努力开拓农饮水设备市场。自2019年公司进入农饮水设备销售领域以来，钱江供水充分利用钱江水利在专业水处理领域近20年来的丰富积累，提出覆盖设计、设备、建设安装、管理的农饮水达标提标一站式解决方案，以销售专业水处理工艺设备为突破口，开展农饮水业务。公司制定了"水处理整体解决方案提供商"的

战略定位，以设备集成为切入点，辅以管理运营、培训等，开展农饮水业务拓展，取得了良好的市场效果。几年来，公司先后中标了衢州开化、杭州富阳、金华婺城、温州永嘉等县市的农饮水单村供水站净水消毒设备销售项目，合同金额累计达6800余万元，累计售出净水设备480套、次氯酸钠发生器消毒设备582套、水泵131台、水质在线检测设备112套及其他附属设备若干。这些设备在省内各地农饮水项目中安装使用，覆盖40余万农村人口，为推进城乡供水一体化进程、为农村百姓"喝上水""喝好水"提供了设备保障。

第二，全面承接，打造农村供水"建管合一"新模式。公司采用创新性的全链条模式承接了金华市婺城区的农饮水提标业务，实现了农饮水提标施工、设备、运维的全覆盖。一是机制先行，建管合一。"建管合一"新模式将零散的资源有效整合，从顶层设计规划开始，有效整合各方资源，系统性、专业性地对其进行规划，避免了重复建设、低效投资的现象。公司通过与婺城区政府签订战略协议，约定公司下属金西公司作为区级统管单位全面参与婺城区农饮水水站的改造、净水设备的新建以及管网到户等施工业务。二是规划先行，技术支持。因地制宜是农饮水建设规划的根本原则，公司依据"稳定可靠、易建易管、智能运维"的策略，对婺城区8个乡镇的100多个水站进行了全方位摸底，全面参与农饮水站提标改造的设计方案制定，助力婺城区水务局制定了切实有效的农饮水改造实施方案。三是施工覆盖，质量保障。金西公司牵头钱江水利建安平台承接婺城区农村饮用水达标提标改造工程的工程建设、净水消毒监测设备采购，使水站建设工程质量有保障。通过这些有效的措施，公司助力婺城区政府在三年农饮水达标提标行动中超额完成规划任务，完成8个乡镇、75个单村、118座供水水站和26个村级给水管网的新建和改造，受益人口达4.41万人，基本实现城乡同质饮水目标，高质量打造"婺城水·幸福城"。

第三，创建党建品牌，持续发挥引航价值。公司将党建与生产经营相结合，创建了党建品牌"共富·清泉"，将党建理念深刻融入农村饮水项目中，并不断深化。以金华市婺城区农饮水单村水站运维管理为落脚点，发挥党员先锋模范作用，在水站建设前期协助构建供水工程体系；发挥党员自身技术优势，在水站建设时期共同探索运营管理体系；发挥党员多年供水经验，在水站建设完成后，全程维护服务保障体系。

（三）聚焦"千万工程"、深耕农村供水取得的成效

第一，填补空白，主导制定团体标准，助力城乡同质同标。随着公司在农饮水领域的不断深耕，公司深刻感受到农饮水站在设备安装、运维规程等方面没有统一且高规格的标准可以遵循，不利于农饮水站的规范发展。为此，公司围绕农饮水的设备、运维以及管理等开展了标准的制定工作。从争取立项、起草文本、定稿送审到批准备案，公司的技术骨干人员全程跟踪，多方征求意见，反复修改各项标准项目指标。2021年1月，《农村供水站一体化设备集成及安装规范》《农村供水站运行维护标准》两项团体标准出台；2023年1月，《农村供水管理漏损控制导则》团体标准出台。这三项团体标准提升了公司在农饮水行业的影响力、主导权和话语权，为农村供水站的运维管理、管网漏损控制等提供了有力的指导，有助于全面提升农村供水站的管理水平，实现城乡供水同质同标。

第二，自主研发，提升科技攻关和创新驱动能力。公司坚决深入贯彻习近平总书记关于科技创新的重要论述，坚持以技术创新引领企业发展，结合业务实践，研究和优化多项工作，在新技术、新专利、新工艺等方面走出了一条自主研发的技术创新道路。公司自行进行了

多项技术创新和发明，其中：净水处理装置、一体化净水处理设备、高效净水处理设备三项创新成果均获得国家实用新型专利证书；次氯酸钠发生器、无负压变频供水系统、智能型物联网超滤消毒一体化净水系统、微动力平板陶瓷膜净水设备、微动力PTFE浸没式超滤膜净水设备等项新技术连续三年（2020—2022）入选《浙江省水利新技术推广指导目录》。2022年，公司通过市、省、国家各级的多轮评审，成功获得"浙江科技型中小企业"以及"国家科技型中小企业"两项称号。

目前，公司正在研发农村分散式高品质净水系统。该系统采用短流程净水工艺，具有流程短、高通量、占地小、运行稳定、操作简便、出水水质好、全生命周期绿色等诸多创新特点，能有效解决农村原水水质复杂与专业运维人员缺失的难题，实现从"喝上水"到"喝好水"的迭代升级。在2023年绿色产业创新创业大赛中，该项目获得了全国总决赛二等奖。

第三，精准到位，加大企业文化宣传力度。2022年，在水利部举办的第一届"水润农家"短视频征集活动中，公司以金西公司单村运维团队的工作为创作脚本，拍摄了视频短片《单村运维管水员的一天》，荣获了优秀奖，充分展现了基层水利人"上善若水，水利万物"的水务精神，体现了公司的价值观，塑造了良好的公司形象。

（四）聚焦"千万工程"、深耕农村供水的经验启示

第一，整合资源，发挥平台优势，以"工程建设+装备供应+管理输出+数字运营"的组合模式，为政府提供投资建设、产品研发、设备销售、运维管理等农村供水全周期产业链的综合化解决方案，确保农村供水项目高效落地。

第二，以科技创新培育竞争新优势，紧盯行业发展的难点和企业

发展的痛点，加大科技研发投入力度，引领企业实现高水平科技自立自强。同时，加强科研专利成果转化，依托农村供水等现有的项目运营经验，形成具有钱江水利特色的水务运营的解决方案。

（五）聚焦"千万工程"、深耕农村供水的发展愿景

建立并推广标准化的、可复制的"建管合一"模式。以金华市婺城区"建管合一"模式为例，公司整合资源，发挥平台优势，以"工程建设＋装备供应＋管理输出＋数字运营"的组合模式，为政府提供投资建设、产品研发、设备销售、运维管理等农村供水全周期产业链的综合化解决方案，助力婺城区高质量打造"婺城水·幸福城"农饮水样板，确保农村供水项目高效落地，得到政府的充分认可和支持。

构建农饮水标准化管理体系。分析研判重点控制环节和管理短板，梳理公司现有农饮水工程管理现状，结合国家、地方、行业标准与客户需求，编制标准化管理手册，为农饮水标准化管理提供制度保障，提升公司在农饮水领域的影响力、主导权和话语权。同时，可联合政府共同宣传推荐浙江农村供水样板，融合钱江水利品牌建设工作，树立用户口碑佳、公众认知广的浙江农供水标杆形象。

以科技创新引领企业高质量发展。进一步深化水务技术创新、科技成果转化、工艺流程优化等工作，有效解决生产经营管理工作的实际问题，积极开发和申报自主知识产权，争取新技术企业创建。

三、兰溪钱江水务：推动农村供水高质量发展

兰溪市钱江水务有限公司（以下简称兰溪钱江水务）始建于1968

年10月，前身是兰溪市自来水公司，2010年公司改制，由钱江水利和兰溪市政府共同出资组建，其中钱江水利占股85%，兰溪市丰源原水有限责任公司占股15%。公司拥有11个职能部门、3个分公司、1个全资子公司，业务涵盖自来水的生产和供应、管道的安装和维修、农饮水和二次供水配套设施的建设及运维等。公司目前拥有3座制水厂，日制水能力17万立方米，日供水能力20万立方米（含3万立方米金华成品水），供水范围已基本覆盖城市规划区，承担着兰溪市53万城乡居民和工业园区企业的供水任务。近年来，兰溪钱江水务以农村供水高质量发展为抓手，切实提升老百姓饮用水安全。

（一）推动农村供水高质量发展模式的基本情况

近年来，公司在兰溪市政府、水务局及钱江水利的领导下，以"责任、安全、优良、健康"为价值引领，以"保供水、优服务"为重点，通过推动供水质量、供水服务提质增效，与政府保持良好关系；以数字化改革为突破口，借助数字化技术革新公司办公模式，推动办公、调度、营收等管理业务流程再造，实现了公司管理体系全面升级；以增量激励为导向，推动供水业务扩面，做足安装工程增量，谋划新增领域，实现做大增量深挖存量、强链壮链带动公司持续向好发展；以科技创新为推手，研究新工艺，保障水质更稳定、生产效率更高效，有效降低生产运营成本，提升盈利能力，赋能公司可持续发展。

目前，兰溪市城市供水由芝堰水厂、钱塘垅水厂、金华引水、工业水厂进行统一供水。此外，随着城乡供水一体化的发展，兰溪市陆续建设完成了城头乡镇集中式水厂，包坞、洪垅、双牌联村供水站，实现了多个集镇及附近村庄的统一供水。

根据兰溪市城乡供水水源及供水工程的供水范围、供水对象等因素分类，兰溪市供水区被划分为各具特点的城市管网供水区、乡镇集中供水区和单村供水区。其中，城市管网供水区以兰溪市城市建成区及周边部分乡镇为供水范围，包括兰江、云山、上华等14个乡镇（街道），以芝堰水库、钱塘垅水库为供水水源，以芝堰水厂、钱塘垅水厂为供水水厂，日供水规模14万立方米，以金华引水为补充，日供水规模3万立方米，工业水厂日供水规模3万立方米。乡镇集中供水区是指具有较好水源、工程条件的梅江、横溪等4个乡镇，包括梅江和横溪集中供水区、诸葛集中供水区、水亭集中供水区3处，日供水规模3.19万立方米，通过建设乡镇集中式水厂、联村水站满足集镇及周边村庄的生活、工业用水需求。单村供水区是指城市管网供水区和乡镇集中供水区供水工程未覆盖且水源条件较差的区域，多分布在兰溪市西北部甘溪流域上游和东部梅溪流域上游山区，涉及8个乡镇，主要通过小型供水工程解决生活用水需求。现有单村水站60座，日设计供水规模0.76万立方米。

1.推动农村供水高质量发展面临的困境与挑战

结合地方实际，兰溪市在城乡供水一体化方面面临的形势和存在的问题，主要有以下四方面：

第一，水源方面。一是本地水源以水库山塘、溪沟堰坝为主，水库山塘通常具有较好的集水能力，但其水量受季节性降雨影响较大，在枯水期，部分小型水库和山塘可能会出现水量不足的情况，难以满足持续供水的要求；溪沟堰坝通常位于山区或丘陵地带，水量受地形和降雨影响较大，在雨季，水量可能充沛，但在旱季，水量可能锐减甚至断流。二是水库山塘相对封闭，水体流动性较差，容易导致水质富营养化；此外，周边农业活动和生活污水的排放也可能对水质造成污染，需要定期检测和处理。溪沟堰坝水流较快，自净能力较强，因此水质相对较好，但仍需关注上游农业活动和生活污水对水质的影响。三是部分水库山塘、溪沟堰坝缺乏应急备用水源或互联互通设施，一旦主水源出现问题，难以迅速切换至其他水源，影响供水的持续性。

第二，水站方面。一是随着使用年限的增加，许多水站的设备已接近或超过设计寿命，设备老化问题日益凸显；同时，水站自动化程度低，运行效率低下，难以满足当前供水需求。随着科技的进步，更高效、更节能的供水设备和技术不断涌现，对水站的设备更新和技术升级提出了迫切需求。二是随着农村经济的发展和人口的增长，供水需求不断增加。然而，受气候变化、环境污染等因素影响，水资源日益紧张，给水站的供水能力带来了巨大挑战。三是水站运维能力不足。部分水站缺乏专业的管理人员，管理水平不高，难以保证供水系统的稳定运行。四是水质监测与处理手段有限。部分水站水质监测设备不完善，监测手段有限，难以实时掌握水质状况。同时，水处理工艺相对简单，难以有效去除水中的有害物质，影响供水质量。五是应急响应机制不健全。部分水站缺乏完善的应急响应机制，一旦发生突发事件（如设备故障、水源污染等），难以迅速做出反应，保障供水安全。

第三，管网方面。一是管网布局不合理。部分农村地区供水管网布局不合理，管线过长、弯头过多，导致水流阻力大、能耗高，影响供水效率。二是管材质量参差不齐。部分管网使用的管材质量不达标，易老化、易破损，导致漏损严重，影响供水安全。三是缺乏定期维护与检修。由于农村地区管网维护人员不足、技术水平有限等原因，导致管网缺乏定期维护与检修，小问题容易积累成大问题，增加维修成本和停水风险。四是应急抢修能力不足。部分农村地区缺乏专业的应急抢修队伍和设备，一旦发生管网破裂等突发事件，难以迅速进行抢修，影响供水恢复时间。

第四，管理方面。一是管理理念落后。部分农村地区供水管理理念相对落后，重建设轻管理、重眼前轻长远的现象较为普遍，这导致供水系统运行效率低下，难以满足农村居民日益增长的供水需求。二是管理制度不完善。在供水管理制度方面存在诸多漏洞和不足，如责任不明确、流程不规范、监管不到位等，这些问题严重影响了供水系统的稳定运行和服务质量。三是管理人才匮乏。农村地区供水管理专业人才相对匮乏，现有管理人员技术水平和管理能力有限，这制约了供水管理水平的提升和创新发展。四是用户参与不足。农村居民作为供水服务的直接受益者，参与供水管理的意识和能力有限。公司缺乏有效的用户参与机制，难以调动用户的积极性和创造性，制约了供水管理效果的提升。

2.兰溪市出台的相关政策举措

一是根据《兰溪市农村饮用水达标提标项目建设与资金管理办法》，城市管网延伸工程（不含村内管网）、新建和改扩建联片集中式供水工程和联片集中式管网延伸工程（不含村内管网）、单村供水提升改造工程（含村内管网）由市级以上资金补助90%，受益乡镇、村自筹10%；非单村供水的村内管网改造工程（含水表改造）由市级以上资金补助70%，受益乡镇、村自筹30%。二是农村供水"一户一表"改造由村（社区）按每户700元标准筹集，当地乡镇（街道）按每户150元标准配套，市财政按每户800元标准补助，其余资金由钱江水务兜底。低收入农户自筹部分予以减免，由市财政补助。三是农村供水涉及的企业用水"一户一表"改造所需资金全部由用水企业自行承担。四是兰溪市水务局是农村供水项目的主要投资单位之一，联村水站、单村水站建设资金全由水务局投资建设。

（二）推动农村供水高质量发展的主要做法

一是建设与维护供水设施。兰溪市水务局负责建设和改造农村水站，配置先进的水处理设备和消毒设施，确保供水水质达到国家标准。钱江水务受兰溪市水务局委托，共运维农村饮水工程64处，其中乡镇水厂1座，日设计供水规模1.87万立方米；联村水站3座，日设计供水规模1.32万立方米；单村水站60座，日设计供水规模0.76万立方米，共计日设计供水规模3.95万立方米，解决了农村13万人的饮水困难问题。

二是实施农村供水村网改造。兰溪钱江水务摸排已纳入城市管网供水的农村供水村网现状，对村级管网问题多、漏水严重以及实施美丽乡村的部分村，分批实施村网管道及"一户一表"改造，逐步提升农村管网安全性，提高城区管网覆盖率，并有效降低管网漏损率，保障供水水量和水压。完善农村供水运维机制，加强农村供水工程现场管理水平。

三是加强供水服务与管理。兰溪钱江水务根据农村用水需求和季节变化，科学调度供水，确保供水压力和流量稳定。建立水质监测体系，定期对水源、水站出水、管网末梢水进行水质检测，确保供水安全。设立服务热线，及时响应用户诉求，提供用水咨询、报修等服务。

四是升级与创新供水技术。兰溪钱江水务引进和推广先进的供水技术，如智能化远程控制、漏损监测等，提高供水系统的智能化水平。对现有供水工艺进行改进和优化，提高水处理效率和水质稳定性。

（三）推动农村供水高质量发展取得的成效

第一，整体规划，夯实城乡供水基础设施。兰溪原有规模化水厂

2座、乡镇水厂5座、单村供水站117座。按照城乡供水一体化总体规划思路，兰溪钱江水务一方面将主城区的两座水厂分别迁建至水源地芝堰、钱塘垅两座水库附近，并将供水规模由原10万立方米/日扩建至14万立方米/日；另一方面，充分利用好拓展渠道，借助都市区西部联网工程成功引取金华成品水3万立方米/日。同时，在金华地区率先实行分质供水，新建供水规模为3万立方米/日的工业水厂。2024年，兰溪钱江水务进一步扩大优水优用，推广分质供水成效，实行工业水厂二期扩建工程，日供水规模由3万立方米提升至8万立方米，届时，公司总供水能力将达25万立方米/日。供水格局调整后，规模化水厂的供水覆盖区域大幅增加，部分乡镇水厂关停并由兰溪钱江水务取代供水，联村、单村供水站大幅缩减，从117座缩减至63座。供水系统的统筹谋划、规模化发展，为城乡供水同标准、同质量、同服务夯实基础。

第二，以点带面，实现城乡供水规模化发展。兰溪钱江水务依托现有规模化水厂，以点带面，多点开花，逐步形成了以城市管网延伸为主、以乡镇集中供水为配套、以单村供水为补充的供水格局。现在，除梅江镇、横溪镇外的14个乡镇（街道），兰溪市辖区内已初步实现城乡供水同网、同质、同价、同服务，彻底将乡镇、村从供水管理的难题中解脱出来。近几年，在政府的支持下，公司按照"能延尽延"的原则，大力进行厂网延伸改造，逐步扩大城乡规模供水覆盖面。对于城市供水管网难以延伸覆盖的地区，以政府购买服务的方式，实施乡镇水厂及单村供水厂站物业化管理，充分保障供水安全。2022年，兰溪市投资10488.27万元，实施了兰江、上华、永昌、赤溪、游埠、黄店、灵洞、香溪、马涧等乡镇（街道）75个行政村的供水管网安装工程，安装供水管网747.37千米；实施"一户一表"改造工程，改造28891户，受益人口达86673人。2023年，兰溪市对兰江、云山、上华、永昌、赤溪、女埠、黄店、游埠、香溪、马涧等乡镇（街道）共55个行政村进行了"一户一表"改造。以上项目均由政府牵头、乡镇配合、供水企业实施，建设资金以市政府向上争取补助资金和市水利资金为主，以乡镇自筹为辅，由供水企业兜底，工程完成后由公司统管运维。

第三，两手发力，实现城乡供水可持续发展。城乡供水基础设施投资金额大，尽管有中央、地方各级财政支持，但资金缺口依然明显；且由于基层行政人员对于水处理专业管理和运营维护经验相对不足，致使单纯由政府负责运营维护的农村供水站点专业化水平不够理想。站在企业的角度，城乡供水项目投资大、回报少，仅靠企业来维持项目运转难度较高。因此，每一个城乡供水项目都面临两方面的需求，一方面是要让政府放心、让群众满意，另一方面也要让企业的投入能够获得回报，实现良性健康发展。这就需要企业和政府换位思考，深入沟通，形成双赢的合作模式。对此，兰溪市实现城乡供水一体化，一方面离不开市政府建立的科学合理的水价调整机制和在"一户一表"、管网改造提升等项目上提供的多渠道建设资金筹集政策；另一方面，离不开公司高标准建设芝堰、钱塘垅两座规模化水厂及专业的水质运维管理体系，双方合作，真正实现了政企两手发力，全力确保了兰溪城乡居民喝上幸福水、放心水。

第四，数字赋能，实现城乡供水长效管护。2021年，为推进城乡供水数字化管理，兰溪市水务局与钱江水务共同建设兰溪市城乡供水数字化平台，做到了域内城乡供水相关信息共建共享和动态管理，实现了实时掌握供水工程运行实况、供水形势监测分析、供水安全风险识别和管控。项目实施完成后，由兰溪钱江水务进行统一管理，兰溪市水务局、供水企业、乡镇以及村级管理人员实现同网共管，闭环管理。目前，36座供水站已完成数字化管理系统建设，具备水质在线数据自动监测、采集、传输功能，配备了24小时实时视频监控，其中，12座供水千人以上的水站还加装了PLC自动加药控制系统，供水水源、水厂、管网和用户从"源头到龙头"四个关键环节全面打通，实现了出现问题及时发现、实时预警、专业处置的工单闭环管理，全力保障了城乡供水的安全。

（四）推动农村供水高质量发展的经验启示

第一，强化顶层设计，托底城乡供水一体化建设。兰溪市政府高度重视供水工作，连续三年把城乡保供水工作列为市政府民生实事之首，坚持城区与农村协调发展的原则，统筹保障资金投入，谋划多元化投资建设格局，推进供水基础设施向乡镇、农村延伸，坚持"一张图"规划、"一盘棋"建设，着力实现城乡二元供水向城乡一体化供水转变，锻长板、补短板、固底板，建立三位一体的城乡供水一体化建设保障体系。

第二，政府主导、乡镇负责、企业实施。市政府与钱江水利从2010年合作以来，双方在城乡供水一体化方面厘清权责边界，政府负责规划制定、城市主管网建设和农村管网延伸的资金安排，乡镇作为业主负责项目管理，供水企业负责项目施工以及建成后的运维。通过明晰权责，实施责任落实到了各乡镇政府。由于各级政府高度重视，城乡供水一体化工作得以积极稳妥地推进。几年来，城乡供水一体化工程切实提高了城乡供水保证率和农村供水普及率，不断满足农村群众日益增长的生产、生活需求，确保农村居民饮用水的安全，不断优化城乡水资源配置，实现水源和供水工程建设、管理、调度的一体化。

第三，共建共享，同频共振，提升供水现代化水平。秉持"让专业人办专业事"理念，深化政企合作，主管部门负责项目建设，供水企业负责运营管理。依托供水企业的专业优势、人员优势和技术优势，充分发挥城乡清洁数字化管理系统作用，多方合力，打造全面感知、广泛协同、智能决策、主动服务的"兰溪供水"模式。同时，政府部门完善水价调整机制，遵循"补偿成本、合理收益、优质优价、公平负担"的原则，实施供水价格调整，促进供水企业强化社会责任担当，不断提升城乡供水保障服务能力和现代化管理水平。

（五）推动农村供水高质量发展的发展愿景

第一，充分利用现有芝堰水厂、钱塘垅水厂等乡镇水厂的供水能力，力争做到城市供水管网能扩则扩、应扩尽扩、能延则延、能联则联。聚焦农村供水薄弱点位，优先推进城市供水管网扩网延伸工程，最大限度地向农村进行管网辐射延伸，加快保障城市管网延伸段群众的生活用水水质、水量和水压，不断提高城乡规模化供水覆盖率。

第二，针对地处偏远、人居分散、水源条件受限的行政村或自然村，围绕"建设有条件、百姓有意愿"的原则，对规划纳入城乡一体化供水的乡镇（街道）的村庄，按照"先建支网、预留接口"的原则实施提升改造，具备条件后接入城市管网，大力提升城乡管网覆盖率。

第三，科学制订单村水站改造提升三年行动计划，全力加快项目推进，全力保障农村供水和城市供水同网、同质。针对单村水站存在的水量不足、管网漏损严重等问题，在2023—2025年全面推进单村水站改造提升建设，成立市单村水站改造提升工作领导小组，组建工程项目管理部，编制提升改造方案，通过三年时间全面解决兰溪市单村水站供水保障问题。现有单村水站覆盖供水人口3.68万人，涉及女埠街道、黄店镇、香溪镇、梅江镇、横溪镇、马涧镇、灵洞乡、柏社乡8个乡镇（街道）。供水站设计供水规模20～800立方米/日，制水工艺采用一体化净水设备，其水源多数引自附近的山塘、水库、溪水或地下水。目前，兰溪市已基本形成农村供水工程县级统管机制，单村的农村供水工程由兰溪市水务局通过购买服务落实维修养护和技术服务，实行统一维修养护和技术服务。供水单位负责向用水户提供符合水质、水量要求的供水服务，保障正常供水，要求相应人员做好水源地保护范围巡查、工程运行管理、水质检测、水费计收和维修养护工作。2024年，兰溪市将解决21座单村水站供水问题，到2025年底，将全面保障全市3.68万余农村供水人口的饮水安全，力争全市农村规模化供水工程覆盖率达到95%以上，农村供水水质达标率稳定在95%以上，农村单村水站建设标准达标率达到100%，单村水站水质监测覆盖率提升到20%以上，单村水站供水应急水源配置率达到100%，县级统管专职管护人员配比达到1∶1以上。预计到2025年，改建单村水站21座，延伸覆盖水站6座，巩固提升16座，新（改）建原水管道4千米，新（改）建供水管网198千米。

兰溪钱江水务全力完成农村饮用水达标提标任务，加快"一户一表"改造任务，加速提升水质监测以及监管能力建设，着力构建"从源头到龙头"的城乡供水保障工程体系和规范化管理体系，实现水质、水量、水压三保障，由量到质、由线到面、由局部到全域，共同推动一体化供水，全方位提升公共服务水平，为群众安全饮水提供长效护航。

四、永康钱江水务：安全优质保供水，用心服务为民生

水安全是人民美好生活的重要组成部分，是经济社会稳定发展的

基础，也是习近平总书记一直挂念在心的民生大事，更是新时代党的水务工作的重要内容和重要目标。永康市钱江水务有限公司（以下简称永康钱江水务）始终把提供安全优质的饮用水作为工作的重中之重，用心用情服务民生，助力全面乡村振兴和农业农村现代化建设。

（一）安全优质保供水、用心服务为民生模式的基本情况

永康市位于浙江省中部，属浙东低山丘陵盆地，地理特征为"七山一水二分田"，地势俗称为"鲤鱼背"，水资源涵养功能差，是典型的水资源匮乏地区。改革开放以来，永康以五金工业为基础，经济快速发展，多次进入全国百强县市，农村人口不断增加。2006年末，永康桥下水厂的用户数量为14518户，通过十多年的发展，目前用户数量已达到37948户，其间用户数增长23430户，服务人口数量159804人。然而，由于条件限制和生活配套设施相对落后，永康有些饮用地下水的村庄水源受到污染，极大地影响了永康市的社会经济发展和人民群众的健康安全。

2018年3月7日，习近平总书记在参加十三届全国人大一次会议广东代表团审议时强调："共产党就是为人民谋幸福的，人民群众什么方面感觉不幸福、不快乐、不满意，我们就在哪方面下功夫。"[1]永康市从民生入手，实施"三清四改"工程（清理柴草堆、清理粪堆、清理垃圾堆，改水、改灶、改厕、改圈）和水质提标工程，构建起了以城市供水县域网为主、乡镇局域供水网为辅、单（联）村水厂为补充的三级供水网，以"农村供水规模化、城乡供水一体化"为目标，深入落实农村扩网工程、"一户一表"改造工程等惠民举措，实现同网、同质、同

---

[1] 中共中央宣传部、中央广播电视总台：《平"语"近人：习近平总书记用典》，人民出版社2019年版，第15页。

价、同服务，把清澈、安全、健康的自来水送进千家万户，诠释了"人民至上，生命至上"的深刻含义。

（二）安全优质保供水、用心服务为民生的主要做法

为进一步解决农村用水难、水质差等一系列突出难点，永康钱江水务遵循永康市人民政府城乡供水一体化规划总体要求，以村集体组织或农户出一点、政府出一点、企业出一点的形式，多层次、多渠道筹集资金，加快推进农村水网建设和自来水普及，提升人民群众的用水幸福感。

一是强化基础设施建设，推进农村管网优化。在实施"三清四改"工程以及水质提标工程期间，部分村受条件所限，选择采用一村一表总表制的供水方式，村内管网由各村各自邀请社会闲散安装工程队进行施工，管材质量、安装质量参差不齐；内部管网维护管理缺乏专业性，原管线布置杂乱不规范，随意接水、盗水等情况时有发生；内部供水管网存在漏损、水压不足、水质变差等风险；同时，较多村无专职抄表人员，抄表频次为半年一次到两年一次不等，导致漏水情况难以及时发现，出现水资源流失、水费虚高、回收困难等问题。农村供水"一户一表"改造是永康农村供水的"二次革命"，为了提升农村供水服务，方便群众生活，让用户真正享受到同网、同质、同价、同服务的供水服务，永康钱江水务从2012年开始陆续开展农村"一户一表"改造。在改造设计前，永康钱江水务会同各村有关人员进行实地查勘，确定各村主干管次干管走向、支管走向、消防栓位置及远期发展地块预留口位置等。在农村扩网工程与"一户一表"改造过程中，管网设计遵循供水可靠安全、便于实施、便于维护管理、治污同步改造的原则，进一步提升供水管网维护能力。到2014年，相关改造工程进入高

峰，越来越多的农户享受到了"一户一表"带来的福利。

二是强化源头供水能力，满足农村用水需求。随着城镇化进程的推进及供水管网的不断延伸，桥下水厂的供水区域不断扩大，供水水量逐年提升。2018年，桥下水厂最高月日均用水量达2.8万立方米，最大日用水量达3.2万立方米，水厂接近满负荷运行状态，急需建设新的供水设施来满足乡镇用水需要。而桥下水厂占地面积较小，周边没有可供扩建的土地，要保障供水区域的用水量需要，就需要建设新的水厂。在此背景下，凭借政策东风，在政府与上级公司的支持与共同努力下，永康钱江水务实施完成了永康市桥下水厂迁扩建工程项目。迁扩建工程于2019年启动，2021年12月30日完成迁扩建并通水试运行，2022年2月18日举行桥下新水厂通水仪式，正式并网供水。

三是强化技术改革创新，提升农村用水幸福感。为了进一步消除水库原水中藻类和有机物的影响，迁扩建后的桥下水厂在原来的常规水处理工艺上，新增臭氧消毒和活性炭过滤两道工序，集臭氧预氧化、中间氧化、活性炭吸附、活性炭生物降解于一体，滤后水经过臭氧消毒处理，将有机污染物进一步分解，优化了出厂水的浊度、色度、氨氮等水质指标。迁扩建后的桥下水厂成为金华地区第一家拥有深度处理能力的农村水厂。同时，公司在桥下水厂外部管网增设了GIS管网地理信息系统，同步上线的还有网上营业厅、全新营收系统、视图抄表系统等，再引进LD-18噪声监测设备、相关仪等检漏设备，以科技力量为基础，配合各个系统平台数据，精准指导检漏方向，让漏点修复更快、更及时，让用户的用水安全得到有力保障，给用户带来不一样的用水体验。

（三）安全优质保供水、用心服务为民生取得的成效

一是从一水难求到源源不断。以前的山区、农村没有接通自来水，

居民只能从水井、山溪中取水，肩挑车拉，虽有水用，但水质却得不到保障，且运水过程费力麻烦。现在，供水管网入村进户，34个自然村完成了"一户一表"改造，受益人口2.2万人，家家户户只要打开水龙头，就有清澈、安全的自来水流出。

二是从一切靠人到数字转型。以前，从抄表到通知全靠人工，"傻瓜式"操作差错率高，用户质疑用水的问题频频发生；现在，从抄表到通知向数字化转型，差错率低，村民的满意度急速攀升。以前，设备检漏只能靠人工沿着管道一段一段地走，用耳朵去听，可能前脚走过去，后脚就产生了漏点，漏点发现难度大；现在，供水管网流量、管段压力均已实时数字化，以数据分析漏点，使漏点发现更及时、检漏方向更明确。

三是从一事难办到事事简办。以前的用户办理业务，有千里迢迢到营业厅只缴纳数元水费的，有拉个清单特意跑一趟营业厅的，更有办理一项业务往返两次三次的，营业厅人来人往，排队长龙日日可见，真可谓"门庭若市"。现在，用户足不出户就知道自己的用水信息，业务家里办，缴费随处办，营业厅在业务量未减的前提下，人流量已显著下降，现场业务基本无需排队。

（四）安全优质保供水、用心服务为民生的经验启示

长期以来，永康钱江水务坚持以人民群众为根基，结合政府决策部署，从大局看问题、从长远看问题、从战略看问题，紧紧围绕人民群众的需求，打造符合永康实际的供水企业，急用户之所急，想用户之所想，以获得用户满意为己任，实现企业和用户的双赢。

一是人民群众的需求是企业进步的根本动力。之前，很多农村群众的饮水观念依然停留在山泉水更清澈、更甘甜上，却没有考虑山泉

水残留的动植物腐败变质后的细菌、各种矿物质对人体的危害以及开放性水源的风险。人民群众的用水安全时刻挂念在习近平总书记的心上，更是供水企业为之不懈奋斗的目标。当前，人民群众对水的需求不再满足于有水用，还有水质优。供水企业应把"如何做好水"作为未来的长久课题，努力提升水质，从源头到供水过程，从生产到管理，想方设法排除水质隐患。

二是现代化技术应用是未来发展趋势。习近平总书记在党的二十大报告中强调，必须坚持科技是第一生产力、人才是第一资源、创新是第一动力。[①]作为供水企业，永康钱江水务一直在追求科技创新，在线监测设备对水质及水压的监测、分区计量对控漏降损的指导、新制水工艺对水质的提升等，不但提升了用户的用水幸福感，更提升了企业的经济效益与社会效益。

三是服务提升是获取用户满意的唯一途径。"为人民服务"是中国共产党永恒不变的初心使命，作为供水企业，服务是第一要务，也是生存根本。优质服务是连接人民群众与供水企业的一条"红线"，"红线"不断，人民群众与供水企业的关系就不会断。对于人民群众来说，评判企业的好与差就体现在服务上，企业想要再进一步，就要扎实写好服务这篇"文章"，把用户的满意作为首要任务。永康钱江水务从用户新装、供水保障、用水服务等方面入手，加强队伍建设，打造了一支高质量的服务队伍，树立了良好的企业形象。

（五）安全优质保供水、用心服务为民生的发展愿景

根据浙江省建设厅《浙江省永康市城市公共供水管网漏损治理三

---

① 习近平：《高举中国特色社会主义伟大旗帜　为全面建设社会主义现代化国家而团结奋斗——在中国共产党第二十次全国代表大会上的报告》，人民出版社2022年版，第33页。

年行动计划》，永康钱江水务将继续积极实施供水管网和"一户一表"改造，完善分区计量建设及压力调控工程，全面提升城市供水保障水平；同时继续推进智慧水务建设，大力提升城市供水智能化、信息化水平。

一是供水管网改造工程。针对老街老区老厂等管网漏损重点区域进行供水管网更新改造，同时对阀门井等配套设施进行更新。计划改造管道17.78千米，估算总投资为3004.6万元。"一户一表"改造8个村，估算总投资为600万元。二次供水规范化改造子项目22个，估算总投资为6622.51万元。

二是供水管网分区计量工程。为进一步细化分区层级，做到各区块数据的实时传递，永康钱江水务将继续在区域内新增DMA分区在线流量远传表和大用户用水监测远传模块，估算总投资约600万元。新装、改造智能水表约2万只，估算总投资约640万元。

三是供水管网压力调控工程。为进一步优化供水管网压力调控，提高供水管网的性能，提升水资源利用率，保证供水管网能够更加平稳、高效地运行，公司近期计划将自行开发"智慧供水调压系统"并在南山水厂进行试运行，实现供水压力动态实时调整。

四是供水智能化建设工程。永康钱江水务计划投入200万元开展供水信息化建设、数据治理。重点利用智能化技术，对重点区域公共用水计量进行全面改造，加强区域主管道的压力、水温、噪声等感知点建设和非法用水在线管控，确保公共供水安全。

五是供水管网平差系统深化应用工程。为进一步完善城乡供水管网系统，通过建立区域供水管网平差系统分析平台，为后续公司在南山水厂、桥下水厂的供水管网新建及改造提供技术支持，指导后续管网新建及改造建设工作。通过进一步优化新建管网规划路线及管径，保障城乡供水的需求。

六是直饮水建设工程。为扩大企业的业务范畴，应对如单位、企业、学校、新建小区等用户群体的高水质要求，研究直饮水建设项目的可行性，以高品质服务建设直饮水网络。

五、舟山水司：小龙头涌出幸福泉

我国幅员辽阔，地形地貌复杂多变，岛屿是其中之一。岛屿供水相对比较复杂困难，中国水务本着"哪里困难，哪里有我"的企业精神，想千方、设百法，为岛屿提供安全可口的饮用水，展现出"小龙头涌出幸福泉"的时代图景。

（一）岛屿供水模式的基本情况

舟山市隶属于浙江省，地处中国东部黄金海岸线与长江黄金水道的交汇处，是我国第一个以群岛建制的地级市，同时也是我国第一大群岛和重要港口城市，下辖定海、普陀两区和岱山、嵊泗两县，常住人口114.6万人。舟山原先的供水体制存在城乡分割、布局分散、重复建设、规模偏小、设施落后、管理粗放、水质存在隐患、水资源浪费严重、水资源共享性差等诸多问题，难以实现水资源的优化配置、高效利用和农村供水普及率的提高。

2005年3月，舟山市政府出台《舟山市人民政府关于推进舟山本岛城乡供水一体化的实施意见》与补充意见，要求通过实施本岛城乡供水一体化，提高本岛城乡供水保证率和农村供水普及率，不断满足农村群众日益增长的生活和生产需求，确保农村居民饮用水的安全，不断优化城乡水资源配置，实现水源和供水工程建设、管理、调度的一体化。

舟山市自来水有限公司（以下简称舟山水司）顺应形势发展和实际需要，积极参与"千万工程"建设，一张蓝图绘到底，一任接着一任干，努力走出一条"党建引领、政企合作、带动共富"的岛屿供水发展道路。

（二）岛屿供水的主要做法

实施供水工程。舟山水司以实施"千万农民饮用水工程"和"浙江省渔农村达标提标三年行动计划"为契机，将可以实现城镇管网延伸的村全部纳入延伸并网规划，实施农村区域联网并轨和管网延伸入户工程。该工程敷设口径100毫米以上管道282.3千米，100毫米以下管道625.4千米，进行"一户一表"改造25212户，安装增压泵房26座，共完成饮用水提标工程26项。

补齐供水版图。舟山水司根据《舟山市人民政府关于推进舟山本岛城乡供水一体化的实施意见》文件精神，全面推进本岛及海岛城乡供水一体化，不断提高舟山城乡供水保证率和农村供水普及率，以满足农村群众日益增长的生活和生产需求。为此，公司先后收购21个乡镇水厂和一个县级自来水公司，快速推进海岛供水一体化进程，有序将朱家尖、桃花、白沙、东极、虾峙等区域的水厂纳入供水范围，供水面积不断扩大。

加大投资力度。舟山水司认真贯彻落实舟山市各级政府部门和公司董事会的各项决策部署要求，依托专业化管理团队和钱江水利上市公司在资本市场的融资能力，投入10亿元提升改造了五个深度水水厂和配套管网的建设，关停了大部分收购的乡镇水厂及单村水厂，使供水格局进一步优化，供水水质得到极大提升。

（三）岛屿供水取得的成效

"千万工程"造就了万千美丽乡村，造福了万千农民群众，促进了美丽生态、美丽经济、美好生活有机融合。如今，舟山这座海岛城市的自来水已经实现了从无到有、从有到优的巨大飞跃。

一是农村用水条件深刻重塑。舟山水司为27.8万农村人口解决了饮用水问题，使37座海岛实现了供水一体化，长期有人居住的86座海岛都已基本解决供水问题，真正做到了村村通自来水、岛岛联网供水，城乡供水普及率由原来的54%增至如今的99.9%。目前，公司供水工程供水保证率、水质达标率、合格饮用水人口覆盖率、城乡规模化供水工程覆盖人口比例均达99%以上。近20年来，全市农村居民经历了从"喝水难"到"喝上水"，从"喝上水"到"喝好水"的飞跃。

二是城乡水务一体化发展深入推进。随着供水版图的进一步扩大，公司供水用户从2004年的10.5万户增至现在的54万户。同时，公司根据舟山的实际情况，按照"需建则建、该扩则扩、该提则提"原则，深入谋划城镇规模化水厂的新建和扩容改造等工作。在对原有的3座供水水厂进行改建、扩建的基础上，新建了2座深度水处理工艺水厂，真正实现城乡饮用水同网、同源、同质、同服务。

三是全域供水品质持续提升。公司以水利部党组"我为群众办实事"为切入点，全面完成桃花、白沙水厂的扩建改建工程并加快岛内管网、户表延伸改造，通过技改、新建、改建等措施重启东极等岛屿的海水淡化厂22处，持续将优质供水资源辐射至边远海岛。部署定海水厂一体化智慧加药系统基础设备，以智慧水厂标准有序推进岱北水厂新建项目。围绕浙江省住建厅等5个部门《关于加强城市居民住宅二次供水设施建设与管理的指导意见》，系统推进二供标准化泵房改造项目，研发了农村二次供水设备和数字化系统并开展市场化运作，以科技创新带动供水安全保障能力和饮用水品质的持续提升。驰而不息地进行营商环境优化改革，加快"零跑腿"步伐，整合供水服务"一件事"流程，使企业获得用水时间由2天缩短至1.5天，继续保持浙江省标杆指标行列，不断加大"从源头到龙头"的全链条管理力度。通过全面提升城乡供水广度、智慧供水力度、综合管理强度，实现供水品质整体跃迁。

（四）岛屿供水的经验启示

一是坚持党建引领，凝聚民心。舟山水司将办好民生实事项目作为公司发展开新局、公司形象全面提升的重要举措，以强化党建引领为抓手，充分发挥基层党组织的战斗堡垒作用，引导基层党员干部干在先、走在前，持续擦亮"千万工程"金名片。

二是坚持以人为本，共建共享。"千万工程"源于习近平总书记深厚的农民情结与真挚的为民情怀。舟山水司从全市千万农民群众的切身利益出发，想民之所想，急民之所急，持续改善农村用水环境，提高农民的生活质量和健康水平，增强广大农民群众的获得感、幸福感、安全感。

三是坚持城乡融合，系统谋划。"千万工程"实施20多年来，舟山水司始终坚持统筹城乡发展，不断推动供水基础设施向农村延伸、供水服务向农村覆盖、优质水资源向农村流动。

四是坚持问题导向，解决难题。"千万工程"的每一次深化，都是基于广泛调查研究的成果。舟山水司聚焦供水重点难点问题，深入调研、掌握实情、把诊问脉，谋划实施有针对性的政策举措，不断突破矛盾瓶颈，有效推动农村供水高质量发展。

（五）岛屿供水的发展愿景

习近平总书记在浙江工作期间，对"千万工程"既绘蓝图、明方向，又指路径、教方法。舟山水司将继续按照习近平总书记的重要指示要求，围绕钱江水利"二次创业""倍增提速"的发展目标，以深化舟山全域供水一体化为中心工作，深化党政融合、提升民生保障、调整产业结构、坚持提质增效、狠抓队伍建设，为实现高质量发展提供有力保障。

第一，深化党政融合。一是加强探索党政工作双融合。积极发挥党建对业务的促进作用，进一步优化"党建+业务"工作模式，充分发挥党组织的政治优势和组织优势，引领助推生产经营中心工作发展。二是深化党建品牌创建，做好品牌孵化培育，以"一支部一特色"高质量推进基层党建子品牌建设。三是抓实党的基础组织建设，党支部标准化建设达标率持续保持100%。

第二，提升民生保障。一是紧扣打造舟山全域供水一体化、供排水一体化样板，在舟山工业污水一体化项目、嵊泗县供水一体化项目拓展等方面取得突破。二是紧盯供水服务的薄弱环节和重点领域，梳理解决供水业务的难点堵点和群众、企业的急难愁盼问题，加快落实民生重点实事项目。三是对边远小岛的制供水设施实行统一改造、统一标准、统一管理，实现小岛供水同网、同质、同规、同标。

第三，调整产业结构。一是以浙江水网及农饮水攻坚行动为契机，配合政府解决难点痛点问题，继续推进城乡管网和设施改造提升，加快城乡供水一体化覆盖面。二是坚持传统水务和环保产业并线前驱，研判岛北、临城等超负荷水厂的规模扩建项目投资工作，促进水厂到龙头全链路供水能力再提升。三是依托中国水务和钱江水利的产业链配套能力，结合科技创新、课题研发探索社区直饮水、纯净水、城市水生态建设业务新模式。

第四，坚持提质增效。一是科学谋划突破之道、创新之策，形成覆盖全过程、全领域的标准化制度管理体系，提升资产质量和经营效益，提档升级现代化水厂2.0版本。二是系统推进科技创新项目开发与研究，加强对前沿技术的跟踪，加强技术交流合作和技术服务的孵化工作，以建立供水技术中心和信息化技术中心为起点，打造技术团队，实现供水领域核心技术的突破。三是完成智慧水厂专项建设方案，在智慧加药系统的基础上，进一步加强产学研合作，开展定海水厂智慧水厂研发，探索少人化水厂的运作模式。

第五，狠抓队伍建设。一是结合"青年精神素养提升工程"，深入实施人才强企战略，聚焦引、育、留、用、优各环节，创新思路举措。二是建立健全培训工作机制，高度重视边远区域的用工问题和传帮带工作，建立项目体系、品牌体系、评价体系和激励体系，大力实施招帅引将计划、争金夺银计划。三是推动产学研深度融合，促进人才和产业双向奔赴、深度契合，形成复合竞争、多维育才新态势，进一步深化各领域融合发展。

六、丽水样板：打造农村饮用供排水一体化

着力绿色发展、扎实推进生态文明建设是中国式现代化的独特之处。实现农村饮用水安全，首要的是解决好供水的问题。中国水务认真贯彻习近平总书记关于治水的重要论述，强力推进农村供排水一体化建设。

（一）农村饮用供排水一体化模式的基本情况

丽水市位于浙江西南，是浙江省辖陆地面积最大的地级市，因水而兴，也为水而盼。2003 年，丽水市启动了"千万农民饮用水工程"，基本结束了农民群众没水喝的历史。然而，受自然地理等因素制约，到 2018 年，丽水市农村地区还有 86.6 万人难以喝上放心水。"农村饮用水达标提标行动"成为市委、市政府的硬任务。丽水市供排水有限责任公司（以下简称丽水供排水）作为丽水市优质安全供水的排头兵，坚持党建引领，践行社会责任，紧抓行动机遇，以城带乡，推动城乡居民同质饮水，使农民群众从"有水喝"到"喝好水"。

（二）农村饮用供排水一体化的主要做法

主动作为，彰显情怀。饮水小事，民生大事。近年来，丽水供排水在中国水务、钱江水利和市委、市政府的领导和支持下，把推进农饮水达标提标这件"关键小事"摆在突出位置。2018 年，丽水供排水承担全市农饮水达标提标检测以及农饮水督查工作。2019 年，丽水供排水进驻莲都区，承担全区 12 个乡镇（街道）的农饮水项目运管，使莲都区农村饮水安全水平有了大幅度提升，在市农饮办每月暗访抽查中均列全市九县市前三。2020 年，莲都区获全省农村饮用水达标提标行动成绩突出集体。2021 年，丽水供排水负责管理的碧湖水厂获评浙江省农村供水规范化水厂。2022 年，丽水供排水推行农饮水物业化管理，取得浙江省水利水电工程物业管理服务能力评价证书，通过市场化竞争中标青田、松阳农村饮水运维业务。2023 年，丽水供排水为云和农饮水提供技术支撑，助力农饮水管理。

延伸管网，高质管护。近年来，丽水供排水积极推进城乡供水一体化，以城市水厂为中心，按照"能延尽延"原则，将城市优质供水服务向开发区、莲都区等乡镇农村延伸。近五年来，丽水供排水累计争取政府资金6.35亿元，新建供水管道129.1千米，建设加压泵站7座，涉及供水人口约13.5万人，稳步构建起了城乡供水保障新格局。积极推动农村饮水站（点）规范化建设，在农村饮用水工程选址、净水和消毒设备选型等方面提供技术支持，使农饮水站点建设成为全市标杆。

（三）农村饮用供排水一体化取得的成效

截止到2023年底，丽水供排水负责运维全市农饮水站点1865个，日供水规模12.56万立方米，服务人口61万多人。通过发挥专业、高效、优质管理运维水平，出台农饮水运维管理规程，成为全市农饮水运维规范模板。建立农村农饮水台账，保障对农饮水站点的正常管理和农饮水站点的正常运行。利用先进饮用水膜处理设备，提升制水工艺。利用智慧管理平台，实现制水生产、运行维护、水质检测全程自动化运行调度。强化水质检测，定期不定期地组织人员开展水质检测，筑牢农村供水安全防线。成立专业运维团队，定期开展巡视巡查，确保正常供水。

（四）农村饮用供排水一体化的经验启示

坚持政府主导与多元参与。政府在农村饮用供排水一体化建设中扮演着关键角色，负责统筹协调、政策制定和资金投入；同时，也应鼓励企业、社会组织和村民等多元主体积极参与，形成合力，共同推动项目的顺利实施。

注重因地制宜与可持续发展。不同地区的农村饮用供排水一体化建设应结合当地实际情况，充分考虑水源条件、地形地貌、人口分布等因素，制定切实可行的建设方案；同时，要注重环境保护和资源的可持续利用，确保项目的长远效益。

强化管理与维护机制。供排水设施的正常运行离不开有效的管理和维护，应建立健全管理制度和操作规程，加强设施的日常巡查和维修保养，确保设施的安全稳定运行；同时，还要加强对管理人员的培训和教育，提高其专业素养和管理水平。

提高居民参与度和节水意识。农村居民是饮用供排水一体化服务的直接受益者，也是参与建设和管理的重要力量，应通过宣传教育、示范引导等方式，提高居民的参与度和节水意识，使其能够积极参与供排水设施的建设、管理和维护。

（五）农村饮用供排水一体化的发展愿景

擦亮国企底色，助推乡村振兴。丽水供排水将继续以党的二十大精神为指引，耕耘美丽乡村，持续做好农饮水民生运维管护，努力打造可复制可推广的"丽水样板"，为丽水奋力创建全国革命老区共同富裕先行示范区贡献供排水人的智慧和力量。

首先，通过优化供水管网布局和提升供水设施水平，确保农村居民能够享受到稳定、优质的饮用水。这包括加强对水源地的保护，防止水源污染，以及提升水质检测和监测能力，确保供水安全。

其次，推动农村排水设施的建设和完善，实现生活污水和雨水的有效收集和处理。通过建设污水处理设施和排水管网，将农村生活污水集中处理，减少污水对环境的影响，保护农村生态环境。

同时，注重科技创新和智能化管理，引入先进的供排水技术和设备，提高系统运行的效率和稳定性。利用物联网、大数据等技术手段，实现供排水系统的远程监控和智能管理，提升农村供排水服务的质量和水平。

此外，加强政策支持和资金投入，为农村饮用供排水一体化的发展提供有力保障。政府可以出台相关政策，鼓励社会资本参与农村供排水设施的建设和运营，形成多元化的投资模式，推动农村供排水事业的快速发展。

最终，农村饮用供排水一体化的发展愿景是实现农村居民饮水安全有保障、排水环保有改善的目标，为农村经济社会发展和生态环境建设提供有力支撑。

第六章
边远乡村、偏远岛屿的特殊供排水模式

我国地域广阔，地形地貌千差万别，尤其在一些边远乡村和岛屿。这些地区居住着一定的人口，他们进行着农业和工业生产，为我国经济社会发展作出各自的贡献，因此，这里的居民也应该享受与城市居民同样的供排水服务。众所周知，给这些边远乡村和偏远岛屿供水，资金投入大、工程建设困难、服务管理同样不容易。中国水务作为国资央企，主动承担责任，以高度的政治意识和责任感，克服种种困难，让这些地区的居民同样吃到安全水、放心水。

一、"水管家"：边远乡镇集中供水的淮安模式

农村供水工程建设与保障事关农村居民的基本生存，是一项保民生、得民心、稳增长的惠民工程，是全面推进乡村振兴的重要内容，也是一项以社会效益为主的公益性事业。党中央、国务院一直高度重视农村饮水安全工作，江苏省委、省政府近年来一直大力推动实施城乡统筹区域供水工程，全面推进城市供水通乡达镇、进村入户。江苏省淮安市淮安区为解决农村饮水安全问题，在"十三五""十四五"规划期间，先后组织实施了一系列工程建设，使得农村饮水安全问题得到全面解决，中国水务主动融入这一建设中，为当地经济社会发展提

供水资源保障。

（一）边远乡镇集中供水模式的基本情况

江苏省淮安市，旧称淮阴市，是苏北重要中心城市、长三角北部现代化中心城市。淮安区位于淮安市东部，辖13镇、3个街道、1个省农垦农场、1个绿色建造产业园、1个经济开发区，包含344个行政村，总户数33.41万户、户籍总人口115.43万人，其中，农村地区26.07万户、户籍人口97.02万人，常住农村人口87.11万人。淮安区地处淮河下游、苏北平原中部、江淮平原和黄淮平原交界处，整体地势平坦，由西向东南坡降。境内河渠纵横，水网密布，大小沟渠纵横成网，全区有河道13条、大沟226条，主要河湖水体有京杭运河、淮河入海水道、苏北灌溉总渠、里运河、古淮河、白马湖、射阳湖等，其中，京杭运河、里运河、古淮河、苏北灌溉总渠在境内总长147千米。

淮安区水资源充沛，但是偏远农村水务建设不足：一是小水厂数量多、取水水源不达标。全区原有343座农村小水厂，均长期使用深井地下水等不合格水源，对群众身体健康和生产生活都有不同程度的影响。二是农村供水设施不完善，普遍存在管网材质差、漏损严重及缺少配套加压设施等问题，易出现水资源浪费大、水质二次污染风险高以及用户用水压力难保证等问题。三是工艺简单，供水水质不达标。地下水抽取后不经过滤、消毒等处理工艺，直接由供水管道输送到农户家中，水质安全存在巨大风险。四是供水时长不保证。部分小水厂由个体经营，为了降低运行成本，各小水厂的供水时间都是早中晚各2小时，群众生活用水受时间限制。五是供水服务不规范，恶意停水、维修滞后、搭车收费等各类问题层出不穷，群众投诉无门，颇有怨言。

为了满足偏远农村居民饮用水和经济发展用水需求，中国水务下属淮安自来水有限公司（以下简称淮安水司）采取乡镇集中供水模式来破解这一难题。

（二）边远乡镇集中供水的主要做法

1.建设白马湖水厂

2014年8月，白马湖水厂一期工程建成，供水规模5万立方米/日。2020年12月，白马湖水厂二期扩建完成并投产，新增供水规模8万立方米/日，水厂总供水规模增至13万立方米/日。2022年底，白马湖水厂完成自动化改造项目，实现生产过程自动化控制目标。

2.开展委托运营

第一，将生产委托运营管理进行公开招标。为做好白马湖水厂的运营管理工作，提升技术保障水平，淮安区将白马湖水厂的生产委托运营管理进行了公开招标。2016年9月16日，淮安水司中标白马湖水厂的生产委托运营管理服务。三年服务期满后，公司于2019年12月23日再次中标该项目，目前，该项目续签至2027年5月27日，之后将再次公开招标。

第二，委托淮安水司运行服务内容。公司服务范围为取水口、原水管线、水厂围墙范围内与制水相关的工艺生产过程的委托运营管理，主要负责水厂制水设施及附属设施的运行、维护保养（费用由淮安区农村供水有限公司承担），负责源水水质感观指标的监测、厂内浑水管线检查和厂内供电专用线路的巡查保护，保证各工艺设施设备正常运转；做好生产人员的技术培训；在设计供水规模的情况下满足供水需求；出厂水质达到《生活饮用水卫生标准》要求。

第三，成立工作小组，解决历史遗留难题。项目中标后，公司立即从各部门抽调精兵强将组建白马湖水厂调试运行工作小组，小组组建完成后，于2016年9月20日进驻水厂进行情况摸排，其间发现该水厂自2014年8月建成后并未投入使用，空置时间较长，所以现场隐患问题较多。针对这一情况，工作小组及时向公司及淮安区农村供水有限公司进行了问题反馈，同时针对问题积极组织整改，加班加点工作，将建设期遗留的问题和缺陷逐一解决，短时间内就完成了供水设施设备的单体调试、联合调试，并与2016年10月28日顺利对外供水，使得一座休眠中的水厂焕发出新的生命力，一举获得了地方政府的高度评价，为双方后续的顺利合作奠定了坚实的基础。

第四，合理设置组织机构，完善各项规章制度。淮安水司在水厂正常生产后，结合水厂运行特点合理设置运行管理组织机构，全面负责水厂的各项生产工作，并按中国水务标准化净水厂要求建章立制、强化管理，不断完善水厂的各项规章制度、台账建设及现场管理工作。近8年，淮安水司在服务期内，使水厂一直保持工艺设备的安全、连续、稳定运行，出厂水合格率100%，服务质量考核年年优秀，充分展现了公司的国企担当、专业能力和高质量的管理水平。

（三）边远乡镇集中供水取得的成效

淮安水司与地方政府的这种合作模式，成功满足了省、市水利部门对农村饮水安全工程"建得成、管得好"、群众"用得起，长受益"的工作要求，在实现巩固拓展脱贫攻坚成果同乡村振兴有效衔接中发挥了举足轻重的作用，彻底解决了农村饮水安全问题，改善了人民的健康状况，取得了良好的社会效益。具体而言，主要取得了以下两个方面的成绩：

一是高标准、严要求地进行运行管理。公司在总部净水厂运行管理指导标准出台后，要求白马湖水厂运行团队将标准化工作作为部门年度重点工作来推进，通过对标自查，结合实际制订了详细的推进计划，并将各项具体任务责任到人。将水厂的基础资料进行梳理修改，提高基础资料的规范性，为规范化水厂的实质性落地夯实了基础。同时，为使标准化工作顺利开展，公司还邀请淮安区农村供水有限公司相关人员赴城南水厂进行参观交流，使双方在对标准化工作的认识上做到了思想统一、目标一致。2020年，经自愿申报、省级遴选、水利部复核等程序后，淮安水司成功助力白马湖水厂于8月份获评"水利部农村供水规范化水厂"称号，成为全国首批100家农村供水规范化水厂之一。

二是提供安全的农村饮用水。白马湖水厂取水水源为京杭大运河，该水源水质风险相对较大，主要体现在以下三方面：一是水质指标方面，总氮常年超5类水限值，石油类、总大肠菌两个指标超过3类水限值的情况时有发生；二是通航船只可能造成危化品或燃油泄漏，带来水质污染风险；三是运西灌区农灌回归水、沿岸的生产生活污水及汛期的涝水会进入运河。在委托运行期间，淮安水司成功处理多起原水水质突发污染事件，确保了出厂水的水质达标合格，如：2019年成功应对上游通航船只事故导致的油品泄漏污染水源事件，2020年成功应对运西片排涝导致的秸秆水污染水源事件，2022年成功应对干旱导致的水源水质恶化的事件。在以上事件中，公司凭借专业的水处理技术及水质检测能力，保障了农村用户的用水安全，为当地的社会稳定和经济发展提供了有力支撑。

（四）边远乡镇集中供水的经验启示

淮安水司区域供水模式的实践表明，政府与公司合作是双赢的合作，水厂运行这种专业的工作交由专业的公司来管理是一种正确合理的模式，有助于实现同网、同源、同质、同服务的城乡供水一体化，真正做到了让政府省心、让用户放心，是一种值得推广的实践。

（五）边远乡镇集中供水的发展愿景

水厂委托运行管理服务有利于发现农村供水的缺点和痛点，可以针对性地与地方政府开展其他有关供水方面的合作，进一步拓展水务公司在区域供水中的业务范围，如淮安水司与淮安区农村供水有限公司合作后又与其签订了水质检测的服务合同，后期还可在设备设施的维护、管网的运行管理、漏损的控制等方面尝试合作，与地方政府共同实现城乡供水一体化高质量发展。

二、边远山村单村水站丽水模式

丽水市地处浙江省西南部，旧称"处州"。市域面积1.73万平方千米，是浙江省陆域面积最大的地级市（占全省的1/6），辖莲都区、龙泉市和青田、云和、庆元、缙云、遂昌、松阳、景宁县9个县（市、区）。2022年末，全市户籍人口269.30万人，其中，城镇人口93.40万人，乡村人口175.90万人。

（一）边远山村单村水站模式的基本情况

丽水地形复杂、山峦起伏，农村人口居住分散，工程建设具有成本高、管护难的特点，农村供水设施也普遍存在"建而不管"的问题，具体而言，单村水站建设存在诸多难题：

一是供水站基础设施薄弱。部分供水站点未采取任何防护措施，村民可随意调节制水设备，水池周边还时常能发现农业残余包装袋、药瓶或生活垃圾；再加上早期农村饮用水工程的施工质量和管材质量较差，年久失修，部分管网老化，裂管、爆管较多，漏水情况比较严重，水池无进水控制阀，雨水充沛期溢流严重，严重影响消毒净化药量的精准投加，在影响水质的同时造成药剂大量浪费。

二是水质得不到切实有效的保证。在农业生产和畜禽养殖产业的发展过程中，由于很多种植户和养殖户不注重生态环境保护，一直沿用传统的生产模式，对地下水源和地表水源造成了不同程度的污染，淡水水质严重下降，甚至携带大量的病原微生物，危及人们的身体健康。在此情况下，很难找到符合农饮水水质标准的水源。

三是水源和供水不足。农村饮水工程建设是保障群众生活用水的关键，在一些偏远山村，存在水源补给不足、水压力不足等情况。同时，偏远地区的饮用水主要为浅层地下水，山村饮用的是水窖储藏的雨水，这些水源中的氟离子、锰离子等金属离子超标，有害菌群也有超标情况。

四是群众参与和节水意识不足。在很长一段时间内，由于受到传统思想观念的束缚，在农村饮水安全工程建造和管理的过程中，各项管理体制不能够避开计划和行政管理，造成部分地区在项目工程运行管理期间忽视了人民群众的想法以及社会大众的参与，使社会大众对工程运行管理的知情权和参与权比较缺乏。农民群众作为饮水安全工程的最终受益者，对饮水安全工程的正常运行管理的重视程度不高，参与意识不强，主人翁意识较差，这在一定程度上增加了饮水安全工程的管理难度。

自2019年起，丽水供排水开始摸索新的农饮水运维业务模式，承接模式从原有的直接委托到现在的参与市场化投标，承接主体从下属子公司到现在的丽水供排水直接签约。经过5年多的努力，丽水供排水现在负责莲都区、青田县、松阳县、云和县4个县区的农饮水运维服务，使该项服务在运维口碑和运维成效上都有了明显提升。

（二）边远山村单村水站建设的主要做法

丽水供排水坚持以问题为导向，着眼实际、放眼市场，将农饮水项目建设、运行、管理、维护参照城市供水相关标准进行，真正做到城乡供水一体化、城乡同质化，打造边远山村单村水站丽水模式。

一是一站一册、建档立卡。对于每一个新接手的农饮水运维区域，公司都积极走访各村庄，实地考察农饮水项目各个点位，在做实做细上下足真功夫。派出专业技术人员对所有供水站点进行建档立卡，明确供水站的基本情况，通过航拍记录现场情况，并找出存在的问题，便于后续分级管理。

二是一线管理、职能分配。农饮水运维工作人员主要以劳务外包为主，其中网格员与管护员是运维工作的一线力量。网格员主要以驻村的当地人员为主，便于设备设施的日常巡查和卫生管理，提高应急情况下的反应速度；而管护员主要负责管道设备保养、维护，以及水源拦水堰、水池、源水管道的补漏维修等工作。双方的工作内容没有绝对分开，依据不同供水站点的地理情况、供水设施的基础情况，以及驻村人员的管理水平，公司会对其进行相应调整。

三是建立长效管理机制。为把农饮水运维管理工作落到实处，公司统筹兼顾，从源头开展水源水质管理。不仅对各运维点位的分布建卡立档，月月更新，实行动态管理，也严格落实巡查工作，由管护员每周对全区农饮水点位开展1次及以上的巡查，每月对水源地开展不少于2次的巡查，以此避免网格员由于长期驻村而存在的管理惰性。同时，公司通过定期向网格员进行意见收集，了解管护的工作是否开展到位、应急情况下能否迅速反应等。总体而言，网格员与管护员是双向保障、双向监督的管理关系。除了通过内部管理考核约束一线管理人员，公司也定期开展乡镇和村民随机服务满意度调查，并将其作为年度考核的重要依据。

四是开展专项工作管理。在农饮水运维管理过程中，除了日常的供水站、水源、管网管理，部分专项工作的开展也是体现整体管护水平的重要落脚点，例如现场维护中的清水池清洗、管理层面上的满意度调查。对于清水池清洗工作，在实施层面上，确实可以交给网格员与管护员执行，但完全将这项工作下移必然会存在执行不到位的情况。对于此项工作，丽水供排水采取年初制订计划、成立专业队伍负责水池清洗的方式开展，确保每个村庄一年至少清洗一次水池，以保证水质稳定，居民用水干净。对于满意度调查工作，由于网格员以驻村的当地人员为主，而村内人员关系复杂，因此该项工作无法直接交由网格员实施，但直接交由管护员开展也存在个人主观意愿较强的因素，因此，丽水供排水通过"管理人员＋管护员"协同的方式开展，并扩大调查群体，不仅停留在对乡镇公务人员的调查上，也随机抽选村民。

（三）边远山村单村水站建设取得的成效

饮水安全事关百姓身体健康，是重要的民生福祉。在农村，拧开水龙头，清澈凉爽的水汩汩流出，每一滴都像是时光的眼泪，饱含着无数人的欣喜和期盼。丽水供排水积极探索运维管理的新模式、新方法和新措施，不断改进和提升运维能力，严格按照运维合同要求，稳步推进各项运维工作。公司负责丽水市范围内莲都区、青田县、松阳县、云和县的农村饮用水运维工作，合计涉及供水站1800余个，覆盖人口60余万人，通过专业化管理，年平均水质合格率达到90%以上，年供水保证率在95%以上，使农村饮水安全有了大幅度提升，农村供水城市化、城乡供水一体化格局已初步形成。

（四）边远山村单村水站建设的经验启示

防治污染，保护水源。要加大对水源保护的力度，特别是对集中供水的水源地更要进行有效保护，在规定的范围内设置相关的警告、警示标志，宣传保护水源的重要性和必要性。对农村的污染源进行控制，抓紧对农村生活垃圾和生活污水的处理，积极推进生态农业、绿色农业，逐步减少化肥、农药的使用，提倡在农业生产中更多地使用土杂肥、生态肥。

在管网建设中，政府加大投入。不能仅仅用经营的形式来建设农村供水工程，可以在前期建设中以政府投入为主，后期交由地方管理；或者出台一些鼓励扶持政策，吸引民间资金进入，采用政府扶持下的市场化运作，多方筹措，共同建设。

建立运行维护保障机制。应为农村安全饮水工程顺利运行提供资金保障。维修基金和大修基金要作为一种制度，按时从水费中提取；同时，政府财政每年可以安排或向上级争取一部分资金专户存放，统一管理，合理支取。随着农村水资源的逐渐减少以及水污染现象的加重，农村饮水安全问题越来越突出，在这种情况下，必须依靠先进的科学技术对农村饮水安全问题进行深入研究，从而为农村饮水安全提供保障，比如，根据实际情况，建立科学的农村饮水安全体系，对水资源污染状况及健康风险状况进行科学的评估，从而为农村饮水安全提供支撑。

建立联合执法机制。当前，随着新时代治水思路的发展和水事违法行为的复杂多变，联合执法工作也面临着新的形势和挑战，需要各成员单位提高认识，高度重视，加强领导，积极应对。丰富联合执法工作的内容，研究完善联合执法具体制度建设，强化联合执法手段。解决执法人员编制、经费问题，加大执法保障投入。建立执法有效、响应迅速的联合执法机制。

建立有效的水质监测体系。完善农村饮用水安全监测体系，加强对农村饮用水源的环境管理。对广大农村地区，要摸清未达到饮水卫生标准的人口情况、饮用水质状况和地区分布，制定农村饮水安全工程重点建设和实施方案。重点开展对人口较为集中的大型村镇饮用水源地的监测工作。对集中式供水工程，要加强对水源地水源、出厂水和管网末梢水的水质检验和监测。

建立完善的农村饮水应急保障措施。由于农村饮水安全的涉及面比较大、影响比较严重，因此，要根据实际情况建立完善的农村饮水应急保障体系，避免发生紧急性饮水安全事故。首先，要根据农村饮水情况，编制综合应急预案，并建立专门的应急小组，实现统一领导、统一决策、统一处置，确保农村饮水应急保障体系能有效地发挥作用；其次，要加大对应急队伍的技术培训力度，并定期组织应急队伍进行事故演练，从而有效地提高应急队伍的事故处置能力。

（五）边远山村单村水站建设的发展愿景

选择合适地区。农村供水对水质的要求和城市供水大体相同，但由于规模小、分布广、单位固定成本投资大的特点，决定了其不能像城市水务项目一样仅仅根据单体项目回报率进行点状开发，必须是选择区域进行连片开发，以便提高综合回报率，分摊固定成本。区域选择需考虑综合市场规模、政府财政能力、政府扶持政策等因素，建议将省内浙南、浙西区域的项目作为今后推进农村供水的重点目标市场。

选择优质项目。广大农村供水市场是一些行业和公司都在争夺的市场，提前占领农村供水市场对丽水供排水的发展非常有利。通过PPP、BOT、EPC+O、F+EPC等模式和当地政府合作，丽水供排水将农村供水项目作为"敲门砖"，赢得当地政府信任，从而争取到与环保相关的污水、黑臭水体治理甚至固体废物处理等业务，将供水业务延伸到整个环保产业链的发展，既坚守了供水企业解决农村供水问题的初心，又给公司的发展留出了空间，实现了业务的增长。

突出运行管护。农村供水工程建设是基础，管理是关键。随着工程管理的转变，管理单位的管理范围发生了质的变化，由单纯的管理工程向全面管理发展，由单纯的社会效益型管理向社会效益、经济效益并重的管理转变。由于管理任务加重、管理责任增强，管理单位只有集中精力加强管理，才能通过管理出效益。实行农饮水"管养分离"是推行农饮水物业化管理工作的起点，以推行物业化管理为契机，逐步形成集规范化、信息化、物业化为一体的农饮水管理运行新模式。

打造标杆项目。从工程质量、运营水平、运营效果、供水安全、群众反映等方面打造项目，让项目成为媒体、政府关注的要点，打响项目知名度、企业知名度。对于标杆项目，首先要保证质量，通过与政府合作，集中全力打造样板；其次要加强宣传，针对优势加强宣传，让政府和更多群众了解项目，争取更多政策支持；最后要形成品牌效益，积极争取政策奖励，加大与当地政府的良性互动，扩大品牌效应和品牌影响力。

三、边远山村单村水站嵊州模式

嵊州市是浙江省辖县级市，地处浙江省东部。截至2023年2月，嵊州市下辖4个街道、10个镇和1个乡。2022年末，嵊州市户籍总人口约71万人。嵊州市四面环山，五江汇聚，中为盆地，地貌呈现"七山一水二分田"的特点，气候宜人，森林覆盖率达到67.2%，素有"东南山水越为最，越地风光剡领先"的美誉。

（一）边远山村单村水站建设的基本情况

与丽水市农村类似，嵊州市的农村供水也存在着一些困难：一是三界水厂源水有土腥味，2-甲基异莰醇和土溴素超标，即使在原水口投加粉末活性炭，按常规处理工艺条件，还是难以去除土腥味。二是除三界水厂有脱泥设施，其他水厂的排污水直接外排，存在环评风险。三是广利水厂问题较多，由于制水量经常不足，需要通过连接东大湾水厂与广利水厂的管道向广利水厂清水池"借水"；由于管道内有沉淀池，水流波动经常造成管网浑水；由于调水阀门开得过大，管道流量异常，因此需要及时与营业所建立信息共享机制，对调水管线进行定期冲洗，严格控制阀门开度，进行小流量长时间调水。

2023年3月，嵊州市乡镇制水厂运维服务项目由嵊州市城乡制水有限公司发布招标公告，经过竞争，舟山水司成功中标。本项目共涉及8个乡镇，总计15座水厂，供水规模合计9.02万立方米/日，供水人口24万余人。委托运营范围主要包括对水厂设施设备进行运行巡查、维护、检修、保养、进出水厂水质检测、水厂日常生产日报表数据记录及数字化平台数据上报、厂区内绿化养护、卫生保洁，以及协助采购方做好创建农村饮用水规范化管理工作，运维服务期3年。

（二）边远山村单村水站建设的主要做法

2023年5月30日，舟山水司发布《关于成立舟山市自来水有限公司嵊州分公司的通知》，嵊州分公司于6月1日正式挂牌营业。嵊州分公司是舟山水司在拓展舟山市域外业务的第一站，使命光荣，任重道远。分公司以打造高质量服务为目标，以打造域外管理样板、创建农村标准化水厂为抓手，建立集镇联村水厂委托运营规范化管理体系，打造专业、高效、务实、创新的水厂运维管理团队，打造嵊州分公司"运维创一流、管理可复制"的管理模式，确保该委托运维项目所有水厂生产安全运行和所有工作内容可靠落实。

进行岗前教育培训。嵊州分公司成立之初，在总公司各职能部门的大力支持下，立即组织开展分类分层次的水处理工作岗前知识技能培训，培训范围覆盖安全、生产、消防等领域。培训从计划、实施、总结，逐步建立起了稳定的培训质量保证和效果评价体系，严格落实了培训签到制度和培训效果评价报告，从而不断加强了对培训质量的控制和管理，通过培训，不但完善了员工的知识结构，提高了员工的职业素养，同时也为嵊州分公司的长期稳定发展打好了坚实的基础。

开展农村水厂标准化创建。嵊州分公司积极配合嵊州市城乡制水有限公司（创标主体责任部门）开展10个水厂的创标工作。自2023年8月启动农村标准化水厂创建工作以来，分公司秉持高质量服务意识，按照《浙江省农村供水工程标准化管理评价标准（试行）》进行对标自查，提出整改清单，明确剡源水厂、凤凰窠水厂、张村水厂、民胜水厂、东大湾水厂、广利水厂、东湖水厂、三界水厂、黄泽水厂、金庭水厂10个水厂的后续创标及责任划分工作，提供10个水厂的内部资料及水源地相关资料，完成水厂设施设备及目视化管理整改，最终汇总成累计3000余页的佐证报告。截至2023年12月底，已完成10个水厂的评标报告申报。

切实抓好安全生产工作。嵊州分公司认真贯彻"安全第一、预防为主、综合治理"的安全生产方针，积极执行总公司及相关部门的安全文件精神，牢固树立安全发展理念。一是落实安全生产目标层级责任制，层层签订了《安全生产目标责任书》《消防安全责任书》《员工安全生产目标责任书》等。二是组织开展季节性安全检查暨消防安全专项检查、职业健康宣传、安全生产检查等活动，组织开展安全生产消防演练、防汛抗台应急演练、突发停电演练。三是加强培训和宣传，对15个水厂的员工进行专业培训，采用现场实操和理论学习相结合的培训方式开展净水工水处理基础知识和安全消防知识培训，取得了较好的效果。四是健全安全管理台账资料，完善数据资料，及时记录和保障嵊州分公司的安全生产管理工作。

加强水质风控监测。2023年6月底完成实验室选址和筹备工作，7月底完成了实验设备的安装调试工作，目前已能顺利开展生活饮用水卫生标准检测，可检测余氯、浑浊度、色度、嗅和味、pH值、菌落总数、总大肠菌群、铁、锰、COD锰等多项指标。

（三）边远山村单村水站建设取得的成效

嵊州分公司委托运维的15个单村水厂生产运行稳定有序，出厂水常规9项检测指标均合格。委托运维以来，总计制水量763.2万立方米，均日制水4.24万立方米；供水量计739.8万立方米，均日供水量4.11万立方米；厂用水率3.0%。具体而言：

在厂务管理方面：目前，分公司15个委托运维水厂共计一线运维人员33名，其中净水工31名、化验人员2名，均完成净水工知识、仪器使用、"三巡合一"制度等岗前教育培训和安全生产三级教育培训，完成水厂定员定岗工作，并取得水生产处理工（初级）、水质检验工（初级）上岗证。公司驻外人员按中标合同要求，开展对水厂制水和工艺运行的管理，对设施设备进行运行巡查、维护、检修和保养，协助嵊州水投做好了创建农村饮用水标准化、规范化管理工作。

在设备设施维保方面：做好15个水厂供水设施设备的维护保养工作，2023年6月至今完成设备类检修28次，维修设备56台次，保养60台次，处理解决故障30台次，安装仪器仪表调试15次。

在制度引领方面：先后编制发布《舟山市自来水有限公司嵊州分公司规章制度（试行）》《舟山市自来水有限公司嵊州分公司绩效考核办法（2023）》等；以月为单位，形成月报机制，完成《舟山市嵊州分公司工作月报》7期；配合嵊州水务做好了防台防汛、保高峰供水安全保障工作。

（四）边远山村单村水站建设的经验启示

要与业主方进行有效沟通：嵊州15个水厂运维系单独水厂运维托管管理，未涉及水源管理和供水管网管理，在供水调度及水资源调度方面需加强与业主方其他平行部门间清晰、准确和及时的沟通交流，特别是在防寒、防汛、抗旱等应急联动过程中，有效的沟通交流是至关重要的。

要明确目标责任：嵊州运维项目是舟山水司在拓展舟山市域外业务的第一站，组建良好的管理团队至关重要，团队成员要确保每个人的责任目标，对自己的工作保持高度的责任感，勇于承担责任，这样才有助于个人和团队的成长，有助于提高团队的工作效率。

要做好服务，坚持诚信至上：作为项目运维服务团队，要时刻牢记"用心做水，追求卓越"的初心和使命，不断提高运维规范化水平和服务精细化质量，遵守法律法规和合同约定，时刻秉承诚实守信的工作态度是与业主方嵊州市城乡制水有限公司建立信任和长期合作的坚实基础，为后期不断开拓嵊州市水务市场发挥先锋模范作用。

（五）边远山村单村水站建设的发展愿景

第一，统筹规划。打破城乡分割，将城乡供水、排水、水环境治理等涉水事务纳入统一规划，制定城乡水务一体化发展规划，明确发展目标、重点任务和保障措施。

第二，资源整合。整合城乡水资源，优化水资源配置，实现城乡供水、排水等水务资源的共享和互利共赢。

第三，科技创新。加强水务科技创新，推广应用新技术、新工艺、新设备，提高水务行业的科技水平和管理水平。

第四，人才培养。加强水务人才培养，提高水务从业人员的素质和能力，为水务事业发展提供人才保障。

四、偏远海岛供水模式

（一）构建偏远海岛供水模式的基本情况

舟山是个严重缺水的海岛城市，人均水资源拥有量仅为浙江省人均水资源拥有量的1/4。长期以来，水资源紧缺成为制约舟山经济社会发展的瓶颈。自1998年起，舟山市政府便开始陆续开展大陆引水工程，缓解城市供水水资源不足的难题。随着舟山跨海大桥对临海产业经济的带动，大批工业企业在"南生活、北生产"的发展战略下落户于北部供水设施较差的各乡镇，全面推行舟山城乡供水一体化迫在眉睫，同时，海岛供水也难点较多：

1.水源管理上的难点

一是小岛区域原水水源多源于当地水库或坑道井水，存在集水面积小、库容量小的情况；同时，舟山近年来降水量不足，也导致饮用水水源不足；此外，由于潮汐及台风等情况，海水淡化的水源会出现取水水量不稳定的情况。二是小岛当地水库和坑道井水水质富营养化情况较为普遍，经常发生季节性的藻类暴发；此外，夏季高温时，水库水水温分层比较明显，上下水体被分开而对流减缓，导致上层水体的氧气难以进入下层水体及底部，水库底部沉积物中的正四价锰被还原成可溶性的正二价锰离子，水体中锰含量大幅度升高；海水水源方面，舟山地处长江口，海水水质变化差异较大，海水中的有机物污染、温度、浊度和盐度等的变化，以及微生物和藻类的影响，都对处理工艺提出了更高的要求。三是由于厂区条件受限，采用常规工艺及一体化的水站处理工艺相对较为简单，加药系统多采用混凝剂投加及次氯酸钠消毒，在投加量上不能做到精确投加，针对原水水质恶化的情况，处理能力严重不足。四是由于岛上常住人口较少，且多为老年居民，使用水量少，导致管网中水循环能力大大降低，易造成管网余氯值下降和水质微生物超标。

2.设备管理上的难点

一是水站多采用成套系统膜处理工艺，设备一体化、自动化程度较高，对维护人员的整体素质要求较高。设备采用有机膜、不锈钢材料或定制耐腐蚀材质设备，采购周期较长、采购成本较高、维护难度加大、维护成本增加，也造成了修复周期的延长。二是小岛湿度较大，海水的腐蚀性较强，极易对设备造成影响，造成设备锈蚀，导致设备有效运行周期大大缩短。三是小岛交通不便，需要坐船出行，航班少行程长，又极易受天气影响导致无法及时处理设备问题。运输条件的限制，也对维修设备及备件携带带来不便，常会发生需要多次往返处理故障问题的情况。

3.人员管理上的难点

目前，小岛水站的现场管理人员基本上是驻留小岛的中老年人，人员配置少，整体素质不高，缺乏专业知识和能力，当需要调整生产运行参数、判断设备故障、沟通事件情况时，这些人员无法做出有效响应，也无法与水站高集成化的管理要求相匹配。

水是民生命脉，也是发展动脉，面对千万农村海岛居民对达标饮用水的迫切需求，舟山水司积极响应政府号召，推进实施一系列民生实事项目工程，大大加快城乡供水一体化进程，不断优化城乡水资源配置，持续推动供水基础设施向海岛延伸、供水服务向海岛覆盖、优质水资源向海岛流动，为城乡发展注入"活力水"。

（二）偏远海岛供水的主要做法

1.加大管网更新改造工作

通过近20年的努力，舟山水司先后收购了21个乡镇水厂和一个县级自来水公司。2007年至2012年，共敷设DN100以上供水管道282.3千米，DN100以下供水管道625.4千米，新建增压站26座，使约10万人口用上了自来水，村村通自来水、岛际联网供水逐步成为现实。一系列举措下，城乡供水普及率和"一户一表"率由原来的54%增加到99.9%以上，合格饮用水人口覆盖率达99%以上，城乡规模化供水工程覆盖人口比例达99%，为市供水事业的快速发展及渔农村建设奠定坚实基础。2019年至2023年，舟山水司分别以零价格收购朱家尖、白沙、桃花、东极、虾峙等海岛供水区域的水厂，实现了本岛及周边大部分岛屿城乡供水一体化同网、同源、同质全覆盖。公司供水面积也从2004年的70平方千米拓展至2023年的303平方千米，供水用户从2004年的10.5万户增至2023年的56.5万户。

2.加强信息化自动化建设

舟山水司通过科技赋能精准"智"水，不断突破矛盾瓶颈，解决海岛供水管理上的重点难点问题，推动农村供水高质量发展。在新技术的引领下，公司开展农村二次供水设备自主研发和数字化系统市场化运作，先后完成桃花镇水厂、白沙水厂等8个单村供水站的水质指标监测和安防集成设备的开发及运维。水质、流量、压力、液位等在线检测仪表均可以实时运行监控，电子围栏系统及视频监控系统还能对厂区进行全方位安全管理，确保日常农饮水供水的安全。舟山水司还将进一步与专业公司合作，将净水设备、消毒、监测、安防等通过数字化管理系统深度整合，推进海岛供水标准化管理，打造舟山水司技术集成优势，提升核心竞争力。

3.应用海水淡化新技术

针对偏远海岛供水问题，舟山水司加快海岛农饮水海水淡化建设，通过新建设施及技术改造等措施，全面恢复使用白沙岛、东极镇庙子湖、东福山、青浜等岛屿的海水淡化系统。结合舟山海岛的海水水质、场地条件等实际情况，海岛海水淡化系统采用反渗透膜法进行脱盐淡化处理，并在净水工艺流程上选择一体式混凝沉淀装置、多介质过滤器作为预处理系统，具体来说，海水淡化系统采用的净水工艺基本如下：

海水取水→一体化净水装置（混凝沉淀）→多介质过滤器→保安过滤→高压给水装置［高压泵＋能量回收装置（压力提升泵）］→海水反

渗透装置→产品水池

考虑到台风影响，舟山水司在工艺建设中改进取水泵房建设，从原先的潜水泵取水改为岸边式取水泵房取水，确保海水取水的稳定性。加强海水淡化反渗透水的矿化处理工作，在管网改造中除采用 PE 管材，对水表等配件也选用塑料壳表。通过一系列的技术改进措施，海岛农饮水的水质得到了提升，水量得到了保证，进一步保障了海岛的供水安全。

（三）偏远海岛供水取得的成效

2021 年，舟山水司对白沙岛海水淡化系统、膜处理系统、供水管网进行提升改造。项目启动前，白沙水厂出厂水浊度不高于 1.0NTU，耗氧量每升不高于 3.0 毫克，达不到出厂要求；岛上居民入户水表为传统铸铁材质，易生锈造成黄水现象，用水安全性极不稳定。项目完工后，白沙水厂出厂水浊度不高于 0.3NTU，耗氧量每升不高于 1.5 毫克，出厂水常规 39 项及非常规 64 项均达到国标标准；入户水表升级为塑料壳水表，配件替换成 PE 阀门，有效解决了管网黄水问题，确保岛内群众用上放心水、优质水。

2022 年至 2023 年，公司对东极镇庙子湖、东福山、青浜海水淡化系统、膜处理系统、供水管网进行提升改造。庙子湖新增一套 500 立方米 / 日海水淡化系统、东福山新增一套 200 立方米 / 日海水淡化系统。同时对取水泵房进行改造，新增预处理系统设备，有效保障供水的稳定和安全。

在偏远海岛饮用水保障方面，公司建立了一支由高级技师带队的专业维保团队，全面负责各海岛制水供水系统的维护抢修工作。2023 年，公司完成东极岛、白沙岛、桃花岛、登步岛、葫芦岛、定海南部诸岛共计21个海水淡化、膜处理水站和一体化水厂的保障工作，累计处理各类故障维护抢修采样工作150余项，团队成员人均离岛出差100天以上。

（四）偏远海岛供水模式的经验启示

1.水源管理方面

一是针对水资源匮乏的难点，建议离本岛较近的海岛采用铺设海底管道的方式解决海岛缺水问题；距离较远的岛屿，建议通过建设海水淡化水厂解决缺水问题；同时应加强对水源地的管理，充分利用地势地理环境做好应急用水的储备。二是针对水质不达标的难点，建立完善的水质检测和监管体系，对供水水质进行实时监测和评估；针对水库锰含量变化，增加表层取水的取水措施，当季节性锰高时，取用表层水，降低原水锰含量。海水淡化设备则增加预处理装置，提高原水的处理能力；同时设立高锰酸钾投加系统、次氯酸钠前投加系统等，以应对锰含量增高、藻类暴发等情况。三是充分考虑用水情况，对用水量少的区域采取定期排放的方式，解决管网水停留时间久的问题。

2.设备管理方面

一是建立更加完善的离岛水站生产管理监控系统，实时监控设备运行情况，并定期对供水设备进行检查、维护和检修，及时发现和解决设备存在的问题，确保设备的正常运转。通信方面，尽可能采用有线网络，采用无线通信的则应保证信号的稳定传输。二是建立设备档案，记录设备的型号、规格、使用情况、维修记录等信息，方便管理和维护，并对易损设备及部件进行备货；同时在设备选用上进行优化，确保设备的性能和质量符合实际使用需要。三是建立应急预案，建立供水设备故障的应急预案，及时处理设备故障和问题，确保供水的连续性和稳定性。四是加强供水设备的安全管理，防止设备发生意外事故和损坏，确保供水的安全和稳定。

3.人员管理方面

一是提供实质性的培训方案，根据离岛水站高度集成化的特点，针对性地制定培训内容，包括设备结构、工作原理、控制工艺、操作规程、维护保养、故障排除等，并结合现场指导、视频教学、模拟操作等多样化的培训形式，提高人员的素质和能力。二是制定规范的操作规程和管理制度，明确设备操作的安全规范、操作流程和注意事项，确保操作人员按照规程操作；同时加强监督，定期对人员的设备操作管理能力进行检查和复训，确保操作人员遵守操作规程和安全管理制度。三是建立激励机制，通过技能竞赛、优秀员工评选等方式，激发人员的积极性和创造力，加强操作人员之间的沟通和交流，鼓励其提出改进意见和建议，促进设备的持续改进和优化。

（五）偏远海岛供水的发展愿景

引进先进的供水设施和技术，通过数智化管理平台，对水站的生产、安全、环境、能效等情况进行实时管理和分析，更有效地提高制水质量，提升供水效率。通过数智化管理，也能加强对供水突发事件的应急处理能力，及时解决供水问题，保障居民的生活用水需求，保证用水安全。

加强供水管理，建立健全的供水管理体系，提高供水服务水平，确保供水设施的正常运转和供水的连续性。扩大农村供水工程的覆盖范围，让更多的农村居民能够享受到安全、稳定的供水服务。

第七章
乡镇供水PPP"溧阳模式"

PPP模式即政府和社会资本合作模式，旨在向社会资本开放基础设施建设和公共服务项目。作为中国水务下属全资子公司，溧阳水务集团有限公司（以下简称溧阳水务）根据地方项目实际情况，清晰界定各方权责利关系，通过PPP模式实施区域供水一期工程，通过政府专项债资金实施区域供水二期工程，全面实现溧阳全市城乡供水管理一体化，有效提升了全域供水安全保障性，为溧阳经济社会的发展作出了重要的贡献，为乡村振兴贡献了中国水务力量。

一、PPP模式建设乡镇供水工程的背景

江苏省常州市下辖市溧阳市地处长三角西南部的苏、浙、皖三省交界处，常住人口80万，经济连续多年名列全国百强县。溧阳市全市现有3个饮用水水源地，其中大溪水库、沙河水库（江苏省功能区划的源地，且获得江苏省人民政府批复的县级饮用水源）为主要饮用水源地，吕庄水库为农村供水水源地。塘马水库、前宋水库和平桥石坝水库可作为农村供水水源应急使用。水库水量较充沛，水质优良，整体达到地表水Ⅱ—Ⅲ类水标准，集中式饮用水水源地水质达标率100%。

溧阳水务组建于2008年5月，为中国水务下属全资子公司，注册

资本金6000万元，2017年3月增加注册资本金至2.6亿元，是一家集自来水生产、污水处理、市政工程建设、工程设计、水质检测为一体的水务企业。公司坚持以习近平新时代中国特色社会主义思想为指导，认真贯彻党的各项会议精神，紧跟溧阳市委、市政府中心工作，严格落实市委、市政府要求，为人民办实事、办满意事，切实提升群众满意度，以长效推动水务建设来造福人民群众为目标，为增进全市群众民生福祉贡献力量。

溧阳水务介入区域供水工程前，溧阳市乡镇尚有许多乡镇水厂，这些小水厂采用了传统的混凝、沉淀、过滤工艺，但由于资金、技术、管理水平等限制，采用的处理工艺不甚合理，处理工艺中的单体构筑物处理形式的选择与大型集中供水企业的构筑物形式相比相对落后，且大多已经归属私营企业所有，小水厂的控制管理水平较低，运行成本也较高。具体而言，主要存在以下几个方面的问题：

一是乡镇水厂较多，水源不一。溧阳的水源除大溪水库、沙河水库，还有塘马水库、石坝水库、吕庄水库、横山水库、竹林水库、永和水库、鸡笼坝水库、团结水库、管家村沟涧、塘坝水库等，甚至还有利用地下水的。有些水库枯水期流量不足，取水难度大，且存在一定程度的面源污染。

二是水厂难以满足新的水质标准要求。我国的供水水质标准从最早的1950年到2022年，逐步完善提高。2022年，国家卫生部与中国国家标准化管理委员会联合发布了《生活饮用水卫生标准》（GB5749—2022），水质指标由1985年的35项增加到106项。随着我国经济社会的发展，人民生活水平的提高，以及国内净水技术的发展，国家对供水的水质标准也提出了更高的要求，已经不仅仅局限于常规检测项目，更加扩大了水质检测的范围。相比之下，溧阳市乡镇小水厂的常规检测指标仅仅是8～10项常规指标，受水厂化验设备、检验水平等的限制，准确程度不高，相对于整个106项指标的水质标准要求而言，无法确保供水安全性。

三是水厂处理工艺不能与时俱进，难以满足新的供水水质标准要求。乡镇小水厂受到资金等限制，仍然采用的我国20世纪六七十年代的处理工艺，多数采用斜管沉淀＋虹吸过滤或者重力无阀过滤的形式，不能适应溧阳市实际源水水质的处理，且滤池形式较为传统，反冲洗的效果等均不如目前世界范围内应用的V形滤池或翻板滤池等，对水质的处理效果有限，且增加了药剂费用，浪费了部分水资源。

四是水厂建设缺乏指导性，难以满足市域供水要求，且造成资金浪费。《溧阳市市域供水规划（2010—2020）》已于2010年编写完成并通过政府审批，但各乡镇水厂未能按照规划指导执行到位。据现场调研，溧阳市近两年又新建、改扩建了部分水厂，不仅造成重复投资，且增加了区域供水的推进难度。

五是水厂的水质检测手段落后，检测水平有限，总体检测项目较少，控制管理水平较低，在水源水质监测和水厂生产各环节均无在线监测设备，无法对水厂各阶段水质进行实时监测并指导生产。溧阳市的水源、水厂分布极为分散，部分水厂私营化后甚至成了"夫妻店"，水源水质的监测及在线监测更无从谈起，难以符合省建设厅要求的城市供水企业检测及评定标准，源水水质的变化也不能及时反馈给水厂，一定程度上存在供水风险。净水厂内普遍存在自动化控制程度低、检测化验设备落后、专业技术人员缺乏、管理人员不足且水平有限等问题，很难保证对整个处理系统进行有效的控制和管理。

六是水厂应对水源水质变化的能力较差。一方面，水厂没有全面有效的源水水质监测手段；另一方面，也没有一套应对水质变化而采取措施的稳定处理设施，除部分水厂在水源预备了高锰酸钾等预处理药剂，大多水厂没有其他的应急手段，也没有在厂内建设深度处理设施，加上现状水源大多以水库为水源，如夏季出现藻类等其他污染物，给水厂的处理更是带来较大的难度。

七是区域供水管网及增压站建设相对滞后，不能充分发挥现有市属水厂的规模效益；部分供水管网由于建设年代久远，或管材、施工不当，漏损率高。由于缺乏系统规划和资金，乡镇建设的管网管径大多偏小，水损大，导致供水低压区存在范围较广，供水量小，尤其夏季用水高峰时，供水矛盾更为突出，影响正常供水。

八是供水体制落后。从溧阳市域当时的供水情况来看，全市建有乡镇水厂13座，受改制"后遗症"影响，乡镇水厂各自为政，没有严格执行区域供水规划，没有形成区域供水的格局，水务一体化进展缓慢。各镇自来水厂在2002年至2008年间参照企业化市场运作模式转入个体管理，随着政府监管力度的不断加大和社会民众用水需求的不断提高，通过同原先改制前预期的企业化管理所带来的经济和社会效益值比较分析，发现与其相适应的服务管理水平却未达标，甚至由于溧阳市目前十多家供水企业均无政府资金参股，造成行业管理难以落实。同时，乡镇自来水厂的生产管理和技术水平都达不到社会发展的要求。这种分散的供水模式不利于合理利用水资源，不利于供水事业的规模经营，难以发挥现有供水设施的能力。

随着溧阳市城乡经济的发展，农村饮用水安全问题首当其冲。全面实施区域供水工程，扩大供水范围，提高供水普及率，发挥中心城市供水设施的辐射作用，有利于社会稳定和改善投资环境。解决乡镇发展中供水基础设施薄弱和农村安全饮水难的问题，加快推进溧阳市区域供水工程，是溧阳市政府面临的一项紧迫任务。

二、PPP模式建设乡镇供水工程的具体做法

总体来说，溧阳建设乡镇供水工程共分为三步实施。

第一步，政企合作，通过PPP模式实施区域供水一期工程。为解决老百姓急难愁盼——喝上放心水的问题，溧阳市政府与溧阳水务采用PPP模式合作实施溧阳市区域供水南渡片区工程项目。2016年，地方政府通过江苏省政府采购中心平台，采用竞争性磋商方式招标选定溧阳水务为社会资本方，双方按3∶7的出资比例合资成立项目公司，负责溧阳市区域供水南渡片区PPP项目的设计、融资、建设、运营、移交工作。溧阳水务于2016年12月与溧阳市水利局签订了PPP项目合同，成立溧阳新源水务有限公司（以下简称新源水务），新建了南渡水厂1座，水源地为大溪水库，出厂供水主管与城区中心水厂实现互通，改造了农村各级次供水管网，关停了区域内5个乡镇的所有农村水厂，全面提升了供水区域农村人口用水质量和服务水平。

第二步，政府通过专项债资金实施区域供水二期工程。2022年至2023年，溧阳市政府申请专项债资金，自行实施了市域内另外4个镇的区域供水项目，新建天目湖水厂1座，水源地为沙河水库，出厂供水主管与城区中心水厂实现互通，改造了农村各级次供水管网。

第三步，全面实现全市城乡供水管理一体化。区域供水二期工程建成后，溧阳市政府将其委托给溧阳水务负责运营管理。自此，溧阳水务开始承担起全市城乡供水一体化管理的责任，乡镇供水与城市供水实现同网、同源、同质、同服务，彻底实现了全市城乡供水一体化。

就实践的典型意义而言，溧阳乡镇供水工程PPP模式的具体做法

主要体现在：

一是明确边界条件，做好责任分工。溧阳水务与政府方在项目实施范围内，明确了边界条件和双方的责任分工，依据项目建设节点，双方全力配合，确保项目按时高质量完成。政府方承担水厂收购、外围协调、青苗赔偿等工作，保障了项目的顺利施工；设计、监理单位由政府方选择，确保政府方能够在项目总体设计方案、工程质量方面起到主导和监管作用；政府方收购的乡镇水厂的资产、土地无偿交付给社会资本方使用，体现了政府支持乡镇供水改革的责任担当；政府方充分考虑乡镇供水的公益非营利性质，出资30%但不享受分红；政府各职能部门在职权范围内对项目实施过程中的各类规费进行免除，简化工作流程。项目公司全面负责项目融资、建设、运营、维护和服务等工作。

二是成立项目公司，迅速提升管理。乡镇供水项目的特点是需要边建设、边运营，新源水务成立后，迅速组建管理机构，抽调溧阳水务运营、建管、财务、修理、客服等部门的专业管理人员进驻开展工作，体现国企担当，同时全员接收原有水厂的工作人员，实现稳定过渡。同时，新源水务克服了乡镇水厂设施设备陈旧、管网老旧、漏损严重等问题，在改造期内确保了乡镇水厂供水水质合格率100%。随着建设的不断推进，南渡水厂通过标准化、规范化的管理，实现了同网、同源、同质、同服务，区域内实现24小时不间断正常供水，新老管道更替，漏损降低，水质100%符合生活饮用水卫生标准，水压状况明显改善，满足群众用水要求。在服务提升上，完成标准化营业厅建设，开通24小时热线电话，服务水平明显提升，群众满意度明显提升。

三是全面摸底调查，整合基础资料。接收乡镇水厂后，新源水务及时对区域内供水设施现状开展全面的摸底排查。经排查，水厂存在沉淀池排泥故障、配电系统线路敷设杂乱、加矾系统设备老化、液氯投加系统无漏氯吸收设备等问题，通过有针对性的改造，实现了新旧水厂过渡，保障了出水水质和供水安全；供水管道存在资料不全、年久失修等问题，通过现场踏勘、补充绘图来熟悉情况，确定后续改造顺序和方案；对原有水厂留用的员工进行综合摸底，合理定岗，安排抄表、维修、客服人员积极跟进项目建设，做好配合支撑工作；对所有终端用户全面摸排，录入营收系统，严格按用户名册组织户表改造……通过一系列的摸底调查和应对措施，为项目边建设、边运营打下了翔实可靠的基础。

四是完善系统方案，优化工程设计。在项目实施中，项目公司会同政府主管部门、设计单位做好方案完善和设计优化工作。深入进行管线实地勘察，全面摸底老旧管网，优化比选新建线路方案，线路选择尽量缩短管线的长度，避免拆迁，少占农田；对输水方式、增压站选址按不同的工况进行技术经济分析论证；根据工程具体情况进行管材设备比选优化，乡镇供水主管网均采用球墨铸铁管，穿越障碍物如省道、高速公路、铁路、较大河流等处或地质条件复杂处时，采用螺旋埋弧焊钢管，二、三级管网管径大于DN200（含DN200）的均采用球墨铸铁管，小于DN200的均采用实壁PE管；结合各自然村现有居民户数、分散程度，通过计算经济流速确定管径；增压站原工可方案采用传统增压供水形式，在项目实施中，基于增压范围和实际需水量，结合节能降耗、节约占地、无人值守等方面的考虑，最终采用了无负压增压站……通过一系列措施，力求做到施工维护更方便、居民用水有保障。

五是集中施工力量，全面推进建设。一期PPP项目严格按照溧阳市政府批复的实施方案建设，主要建设内容包括：新建南渡水厂一座（供水规模6万立方米/日）、南渡水源厂一座（供水规模9万立方米/

日）、增压泵站8座，铺设一级主管道118.8千米、二级管道895.5千米、三级管道2179.5千米、原水管道6.5千米，改造镇区主管65千米。供水改造范围覆盖上兴、南渡、社渚、竹箦、别桥共5个镇1480个自然村，服务总面积887.6平方千米，受益人口32.4万人。确保供水水质达到《生活饮用水卫生标准》（GB5749—2022）水质标准，区域水厂直供水范围内的主管网末梢供水压力不低于0.28兆帕。

上兴镇是全市小水厂最多、供水最为分散、水源保障最差的一个区域，原有6座小水厂，其中竹林水厂的供水规模为0.35万立方米/日，鸡笼坝水厂为0.4万立方米/日，赵沛水厂为0.05万立方米/日，团结水厂为0.03万立方米/日，水源均采用小水库或塘坝水；另外，汤桥水厂、永和水厂已改为转供水泵站。在市委、市政府的部署和要求下，溧阳水务集中施工力量率先于2016年10月启动城区中心水厂至南渡水厂互通主管道和上兴镇供水主管道的施工工作，用3个月的时间新铺设DN300-DN1000主管道39.6千米，将城区中心水厂的净水输送至南渡水厂清水池，于2017年1月4日实现了上兴镇通水目标，让老区人民喝上了放心水。为此，市委、市政府专门组织召开了通水仪式，表彰了溧阳水务的效率。

2017年，根据市政府收购乡镇水厂的整体进展，在地方水利局、各乡镇和政府主管部门的大力协调之下，新源水务顺利打通至竹箦、别桥、社渚三镇的一级主管网，全面实现区域内通水到镇，助力政府收购乡镇水厂，早日实现并网供水。

2018年，原南渡水厂完成收购移交，新源水务着眼于老水厂日均供水规模3万立方米的现状，对其进行提标改造，同时对已接收的上兴镇、南渡镇区域的二、三级管网开始施工。自5月起，新源水务共组织了6支施工队伍，40多个工作面同步开展施工，施工中通过切实加大现场管理力度，确保了项目安全可控、质量合格。供水工程施工的同时，恰逢有的村进行美丽乡村、农村污水治理、燃气改造项目建设，供水管网的改造同步跟进全力配合其他项目施工，虽然工效降低，却避免了重复进场施工引起的民生问题。2019年底，新源水务全面完成上兴、南渡二镇的管网施工，改造户表4.4万户，全面实现已接收区域正常供水。

2020年，新建的日供水规模为6万立方米的南渡水厂投入运行，水厂采用平流沉淀、V形滤池加臭氧活性炭深度处理工艺，实现自动化、标准化管理运行，彻底实现了区域内同网、同源、同质、同服务。

2021年、2022年，区域内其他三镇的水厂陆续完成移交，新源水务在上兴、南渡二镇的建设运营经验基础上，集中力量全面开展了二、三级管网施工和改造，同时新建大溪水库水源厂，以提高原水取水保障能力，按照两年的计划工期全面改造户表4万户。至此，区域供水一期PPP项目全面建设完成。

六是稳步运营管理，完成既定目标。自2017年新源水务成立以来，全体干部职工凝心聚力，提升政治觉悟，重视民生服务，各项工作稳中向好、稳中有进。通过加强内部管理，乡镇与城区共享生产、设计、施工、检测等资源，提升了企业管理效能。通过加强财务管理、两金压降①、账款回收，提升企业的经济效益。通过合理进行供水调度、压力控制，确保全年供水安全。通过听漏查漏、分区计量、水表抽查与周转、违章查处等，多措并举全力压降产销差。建立管网GIS系统，培养测绘人员，提升管网管理效率。制定措施出台扭亏方案，尽可能保

---

① "两金"指应收账款和存货，其中，应收账款包括应收账款、长期应收款、其他应收款、应收票据、预付款项等；存货主要包括单位库存的、加工中的、在途的各类材料、商品、在产品、在研品、半成品、自制半成品和产成品等。"两金"占用企业营运资金，增加企业财务风险，使得管理成本提高，直接影响企业经济效益，因此降低"两金"占用势在必行。

障项目公司良性运营。强化内控体系建设，筑牢安全生产盾牌，守住了安全底线。2023年，新源水务完成全年收入6433.36万元，比2022年增加1270.03万元；全年完成销水量1933.42万立方米，实收水费4989.95万元，水费回收率99.02%；产销差从项目实施前的60%以上压降至30%；平均出厂水浊度保持在0.2NTU以下，水质合格率100%。

七是规范服务流程，提升服务水平。新源水务推行科学化、人性化、便民化服务，扎实开展工作，取得了较好的成效，群众满意率在99.9%以上。为增强员工的责任意识、服务意识，提高供水服务水平和用户满意度，新源水务聘任了6名来自各行业的行风监督员，召开行风监督员会议，把供水服务置于社会各界的监督之下，营造规范、诚信的服务环境；为提升服务水平，提高热线现场解答效率，更好地为用户解决各类涉水问题，新源水务建立了知识库，进一步规范热线服务；安排专人每天重点关注12345市民服务热线以及溧阳论坛，及时协调与督促相关职能部门做好处理工作，并在最短的时间内作出明确答复，做到"件件有反馈，事事有落实"，维护了企业良好的形象。

三、PPP模式建设乡镇供水工程的主要成效

通过数年来对城乡供水一体化工作的推进，溧阳市新建乡镇水厂2座，供水主管线1500多千米，支管线4000多千米，实现了区域供水覆盖率100%。全市人民最终实现同饮一湖水的目标，水源取自沙河水库和大溪水库水源保护区，实现了水资源合理配置，水源地达标建设，优质水源充分利用。新建水源厂具备源水水质监测和应急处理能力，应对水源水质变化。全市三座水厂的主供水管道实现互通，供水总规模达到28万立方米/日，实现区域内安全供水互为保障。水厂

处理工艺满足新的供水水质标准要求，水质检测手段和检测水平大幅度提高，出厂水水质合格率达到100%，全域实现优质供水统一标准。乡镇水厂与城区水厂实现统一管理，管理人员的业务水平显著提升。各乡镇设立供水服务中心，提供热线接待、抄表到户、水费收取和应急处理等服务。

溧阳乡镇供水工程的实施，响应了江苏省政府"关于加快推进城乡统筹区域供水"的号召，达到了苏南地区供水乡镇覆盖面98%的要求，全面提升了省生态文明水平。确保了"不合格的水不出厂、不达标的水不进管网"，让居民喝上了清洁水、安全水、放心水。乡镇供水同城市供水一个标准，实施了深度处理工艺建设，变"深度"处理为"常规"处理，提高了安全供水能力，实现了从供"合格水"向供"优质水"的转变，达到了美丽乡村建设的要求。

溧阳乡镇供水PPP模式的实践，解决了地方区域供水多年来停滞不前的问题，稳固了企业与地方政府的合作关系，拓展了中国水务在当地的供水业务市场，也为中国水务其他子公司实施乡镇供水PPP项目提供了一定的参考依据。

四、PPP模式建设乡镇供水工程的经验启示

溧阳乡镇供水PPP模式的实践，通过政企双方深度合作和恪守PPP项目规则，圆满实现了城乡供水一体化，有效保障了全域供水安全，为溧阳经济社会的发展作出了应有的贡献，为乡村振兴贡献了中国水务力量。

一是国家战略为政策效能在企业释放创造了条件。国家区域协同发展战略背景下，城乡共饮一碗"水"、公共服务均等化是共同富裕

的核心诉求之一。相比城市，存在着巨大"补短板"需求的乡镇地区成为下一片蓝海。溧阳市农村公共服务提档工程、富民强村提速工程、乡村建设提标工程的实施，都为政策效能在企业释放创造了条件。

二是政企双赢为项目获取带来了优势。溧阳水务扎根地方多年，在发展过程中，把服务民生作为工作的出发点，注重政企关系的营造，把企业的目标与政府目标进行有机的结合，顺应溧阳社会经济的发展，使政企双赢成为现实，也为后续项目的获取带来了很大优势。

三是地方经济发展的良好态势推动一体化建设。溧阳市以先进制造、高端休闲、现代健康和新型智慧四大经济为核心生态经济，2022年GPD超过1400亿元，在全国百强县排名22位。PPP项目实施的区域近几年招商引资力度不断加大，农村旅游业和养殖业等不断兴起，居民生活水平显著提升，售水量较预期增长较大。从长远来说，通过用户付费能基本解决营业收入问题，如此，财政可行性补贴额度需求小，政府愿意通过这样的模式来解决农村供水问题。

四是属地政府支持助力农村供水项目。溧阳市委、市政府大力推动全域旅游，溧阳1号公路把原本分散的自由资源和乡村景点联结起来，使其成为溧阳闪亮的名片。政府高度重视乡村水资源、水生态、水安全问题，在城乡供水一体化项目建设过程中，承担了水厂收购、外围协调、青苗赔偿等配套工作，提升了南渡水厂的供水能力，投资扩建了供水管网及泵站。属地政府的大力支持及有效助力，降低了企业运营风险，助推企业实现健康可持续性发展。

五、PPP模式建设乡镇供水工程的发展愿景

供水是重要的民生事业，关系着社会经济的发展和人民群众的身

心健康。城乡供水一体化项目实施后，农村供水水质佳、水量够、水压足、用户满意度明显提升，为溧阳经济社会的发展作出了应有的贡献，为乡村振兴贡献了水务力量。溧阳水务将继续秉承服务民生、服务发展的理念，自觉把使命担当作为自身工作要求，一是积极投建城区中心水厂二期项目，推进智慧水厂建设，有效提升全域供水安全性；二是继续专注于城乡供水服务，积极配合政府意愿，规范运营管理，在推动全市供排水一体化改革方面开展深度合作，让"中国水务"的品牌深入人心。

第八章
城乡供水一体化 EPCO 模式

EPCO模式，即工程设计、采购、施工、运营模式，是在EPC（Engineering，Procurement，Construction，即设计、采购、施工）模式的基础上增加了运营和售后维护（Operation）的环节。这种模式涵盖了从工程项目的最初设计到最终的运营和维护，确保项目的最大效益和系统运行的完整性。EPCO模式适用于城乡供水一体化等长期运行维护的项目，通过将运营需求前置到设计阶段，可以促进各环节的有效衔接，从而保证城乡供水一体化项目的整体质量和效益。

一、金寨县城乡供水一体化EPCO模式的实践探索

（一）城乡供水一体化EPCO模式的基本情况

金寨县隶属于安徽省六安市，是中国革命的重要策源地、人民军队的重要发源地，享有"红军摇篮""将军故乡"的美誉，交通条件优越，县境红、绿、蓝三色旅游资源禀赋独特。据统计，全县共有革命遗址类重点文物保护单位172处216个点，数量之多为安徽之最。通过在红色文化资源的整合过程中彰显出一定的红色教育功能，激活当地全域旅游事业，年接待游客达1200多万人次，但农村供水工程作为基础性设施，在天堂寨镇等重要旅游乡镇仍然是较大的限制性因素，没

有走在金寨全域旅游发展基础设施建设的前列。

金寨县地处皖西，位于大别山腹地和鄂豫皖三省交界处，总面积3814平方千米，总人口68.3万人，其中农村供水人口56.633万人。境内层峦叠嶂，河流纵横，地形地貌复杂，是淮河两大支流史河、西淠河的发源地，也是典型的集高寒深山区、库区、老区于一体的国家级重点贫困县。金寨县原来农村集中供水率为90.8%，自来水普及率为88.4%，主要通过2处城乡一体化供水工程及14处千吨万人供水工程进行供水。靠近县城周边的乡镇未与主城区自来水厂实现一体化供水，下辖23个乡镇受地形地貌影响，多由分散式规模化水厂以及千人及以下集中供水设施供应，由于各乡镇原有供水工程建设标准较低，厂区缺乏消毒、围墙、厂区硬化等附属设施，加之管理不科学，因此经常出现雨季出水水质较差、水压水量不稳定的情况，离国家相关要求和规划目标有较大差距。

为有效解决金寨县23个乡镇农村居民的用水问题，满足农民群众对喝上"安全水""放心水""幸福水"的美好生活需要，金寨县政府于2022年开始立项实施金寨县城乡供水一体化工程EPCO项目。项目实施内容主要包括：实施3处县城管网延伸，进行6处规模集中供水工程、小型集中供水工程改造提升，进行供水信息化建设及水质检测、监测能力建设，具体包括取水工程、净水厂工程、出厂配水管网及泵站工程、自动化信息化工程、水质检测、监测相关设施等，项目投资估算约为6.8亿元。运营服务内容为金寨县下辖23个乡镇授权范围内的供水服务及供水设施的运营维护，设计供水总规模约7.58万立方米/日，覆盖人口约51.41万人。作为金寨县老牌国有供水企业，中国水务下属子公司江苏水务投资有限公司（以下简称江苏水务）与北京中水新华灌排技术有限公司、上海市政工程设计研究总院强强联合，组成EPCO联合体，成功中标该项目，积极参与到项目建设当中。

（二）城乡供水一体化EPCO模式的主要做法

1.依托属地水司对金寨县全域供水状况进行摸排、分析

金寨金叶供水有限公司（以下简称金寨公司）是江苏水务在金寨县从事水务运营的子公司。公司拥有2座净水厂，制水总规模达10万立方米/日（二水厂），一水厂正在提标改造，一期改造目标为5万立方米/日，远期改造目标为10万立方米/日。服务人口为40多万人，主要涵盖金寨县新老城区、六安市叶集区以及周边农村，供水范围约100平方千米。公司同时还拥有3座污水处理厂，污水处理总规模为6万立方米/日，其中老城区污水厂的处理规模为1万立方米/日，新城区污水厂为3万立方米/日，产业园区污水厂为2万立方米/日。中国水务依托金寨公司对金寨县全域的供水状况进行摸排和分析，梳理形成以下主要问题：

第一，供水设施点多、面广、量大，造成管护难度大，管护成本高。金寨县属于大山区，除乡镇政府所在地人口相对集中，大多数群众散居在梅山、响洪甸两大水库上游的群山中，"见水容易喝水难"是金寨县群众用水困难的真实写照。整体来看，全县农村供水工程数量多、分布广泛，给有效管护带来了很大的障碍，同时也使管护成本居高不下；另外，建设规模水厂难度大、投资高。

第二，非规模化的小型水厂季节性缺水严重，抵御风险能力差。受资金限制，早期建设项目以单村供水为主，截至目前，全县仅有果子园乡、槐树湾乡等16座集镇水厂的供水规模达到1000立方米/日以上。规模以下水厂季节性缺水严重，究其原因，是由于其建设方式大多采取高位引水，水源点多选在河沟或山涧泉水眼，每遇干旱天气，水源水量减少，便无法保证正常供水。

第三，总体效益较差，管护经费落实难，部分工程失管失修。农村供水是具有较强公益性的民生工程，运行维护成本较高，"重建轻管"现象很严重。单村工程一般由村集体委托村民管理，具体负责收费、维养和消毒等工作，但执行水价偏低，水费收缴率不高，所收取的水费难以覆盖工程良性运行所需要的成本；另外，非专业化的管理人员通常缺乏管护知识，导致大多数单村工程管护措施不到位，水质自检、水池定期清洗、消毒等基本流程不能正常开展，影响了工程效益的发挥和设备的使用寿命。此外，全县农村供水信息化建设滞后，无法满足工程监管和日常管护要求。

第四，建设标准不统一，部分供水工程选址不科学。全县现有的集中供水工程投资渠道多元，有财政资金补助建设的，有群众联户筹资建设的，也有民间资本建设的。由于建设主体不同、资金来源不同，造成规划设计不统一、建设标准不规范、选址不科学，尤其是早期建设的单村工程，基本都是直接引用山涧泉水或河沟水，水源合格率低，净化消毒设施配备率也较低。

第五，部分供水工程管护主体不明确，私人水厂不服管。金寨县集镇自来水起步较早，先期建设主要为政府投资，但随着乡镇规模不断扩大，集镇水厂在扩产改造过程中投资形式多样，包括拍卖、招商引资、重新建设。由于所有权、管理权和经营权在改造过程中未明确到位，导致经营者变成实际拥有者，使水厂私有化，与其准公益性属性相悖。部分私人水厂只管经营不管投入，不服从有关部门的管理，片面追求利润，导致农民群众的安全饮水权利受到影响。

第六，应急保障措施不完善，抗灾能力不强。目前，农村供水工程尚未建立县级备用水源，在遭遇旱情或其他突发事故时，缺少一套科学合理的应急保障方案，及时有效应对灾情的能力有待提高。

2.针对问题科学规划、统筹实施

按照安徽省委、省政府关于实施乡村振兴战略、推进城乡融合发展的"立足长远,统筹规划"要求,结合供水存在的现实问题,江苏水务、金寨公司牵头组织EPCO联合体与地方政府共同研讨形成规划设计、统筹运营、分步实施的统一思路:

第一,建立城乡供水一体化管理体制。推进全县农村供水工程产权制度改革,通过清产核资、确权颁证等方式,明晰供水工程资产的所有权、经营权和管理权,加快转变农村供水工程管理体制,实现县级统一资产回购后无偿移交给运营单位进行运营管理。

第二,推进城乡供水一体化工程建设。科学规划,做好顶层设计。坚持"一盘棋布局、一体化经营、一张图推进"的工作思路,委托有资质、有实力的规划设计单位在全面摸底调查、查找薄弱环节及合理划分供水分区的基础上,统筹考虑水源条件、人口分布、美丽乡村建设规划,合理制定全县城乡供水一体化工程布局和供水规模,编制《金寨县城乡供水一体化发展规划》,从顶层设计上精准推进城乡供水一体化发展。

第三,科学实施,加快工程建设。结合地域特征、水资源空间分布情况,将金寨县地域划分为三个类别,并针对不同的类别实施不同的工程:实施城市管网延伸工程。北部岗丘平畈区、北部和中部低山丘陵区、位于梅山水库和响洪甸水库周围的低山丘陵区,地势与北部岗丘平畈区相差较小,依托县城自来水厂开展城乡供水一体化管网延伸工程建设,主要涉及全军乡、油坊店乡、桃岭乡、双河镇、麻埠镇5个乡镇。推进区域供水规模化工程。南部中山区、东部低山丘陵区、中部低山丘陵区等地势起伏大,不具备城乡供水一体化条件的,根据水源条件、供水人口情况,实施区域供水规模化

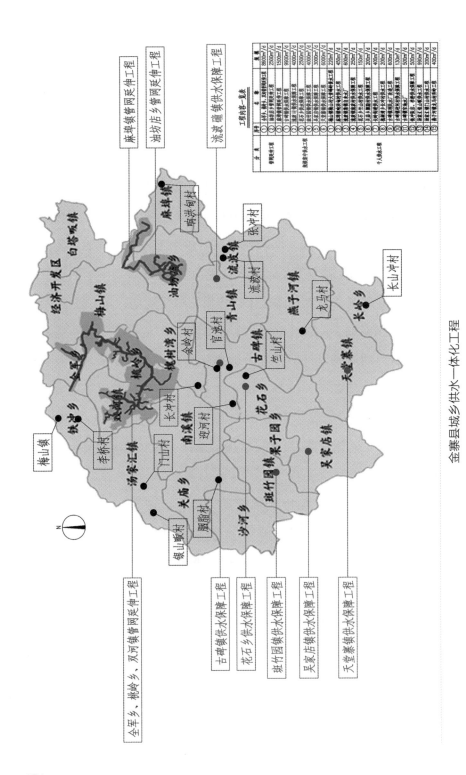

金寨县城乡供水一体化工程

供水工程，主要涉及古碑镇、汤家汇镇、流波䃥镇、天堂寨镇、青山镇、吴家店镇、斑竹园镇、花石乡8个乡镇。提升小型集中供水工程。对地处偏远、人口分散等不具备城乡供水一体化条件又不能被规模供水覆盖的13处"千人供水"工程和131处千人以下小型集中供水工程，根据水源条件、用水需求等进行改造提升，提高供水保证率。同时，金寨县针对不同供水规模和水处理要求，优化水处理工艺，完善净化、消毒设施设备，进行老旧管网改造，保证供水正常和水质达标。

第四，科学决策，明确建设主体。鉴于农村供水保障工程的民生性、公益性和建设、运营的关联性，县政府采取EPCO模式，有利于整个项目的统筹规划和协同运作，可以有效解决设计与施工、运营的衔接问题，减少采购与施工的中间环节，顺利解决施工方案及运营方案之间的矛盾。

第五，项目运营回报机制采用"可行性缺口补助"方式，降低了项目运营公司的运营风险，促进项目可持续长效运维，同时通过绩效考核方式也进一步促进运营公司加强内部管理，降低运营成本，达到政企双方互惠互赢的成效。

（三）城乡供水一体化EPCO模式取得的成效

通过加强城乡供水一体化建后管理，发挥中国水务专业运营管理优势，构建长效管护机制，公司持续提升镇村供水运行管护水平，在巩固脱贫成果的基础上，全力推进了城乡供水高质量发展，让群众享受到与城市同等的水质、服务，解决了长期以来农村饮水安全问题，实现了从"传统供水"到"智慧供水"质的飞跃。

一是规模水厂建成投产。聚焦金寨县城乡供水一体化工程项目建设，着力打造廉洁项目示范工程。根据分批实施计划，启动四个规模水厂建设项目，分别为：梅山全军桃岭双河管网延伸工程（新建DN50及以上管道204.1千米、加压泵站12座）、油坊店管网延伸工程（新建DN50及以上管道50.5千米、加压泵站1座、600立方米清水池1座）、汤家汇银山畈供水保障工程（供水规模900立方米/日）、古碑供水保障工程（供水规模1万立方米/日）。目前，四个供水工程项目已完成通水。通过规模水厂的建成投产运行，大大改善了农村供水环境，有效降低了农村用水投诉率，特别是在春节期间，在大量外出务工人员返乡过年的情况下，农村饮水得到了有效保障，让农村用户过上祥和春节。

二是乡镇水厂移交运营。按照政府确定的移交进度，公司有序开展各乡镇水厂摸排及移交接管运营工作，截至2024年4月30日，铁冲乡、全军乡、桃岭乡、油坊店乡、果子园乡、吴家店镇、双河镇、汤家汇镇、燕子河镇、古碑镇、麻埠镇等12个乡镇完成供水移交运营。自接管各乡镇供水事务后，面对乡镇水厂存在的工艺落后、设备陈旧、管网老化、水表抄收不规范、群众缴费难等问题，公司发挥专业优势，积极抽调人员组成运营维护团队，加大供水设施检修维护，规范安全生产操作流程，强化巡查测漏维修业务联动，加大水质检测频率，制订接管乡镇供水设施、水厂设备维修改造实施计划，积极向水利局申请300多万元改造资金实施改造工作……通过以上各项措施，逐步改善农村供水水质，确保各乡镇水厂优质供水。

三是努力提升服务效率。建立乡镇标准化营业收费大厅，开通城乡供水一体化24小时服务热线96505，创建各乡镇供水服务微信群，及时发布停水通知，及时回复用户维修投诉咨询等用水问题，下沉人员主动进村入户上门走访……以上各项服务举措让用户对水质、停水的投诉明显减少，农村群众用水满意度整体上逐步提高，运营接管阶段性工作得到了政府部门和群众的一致好评。

（四）城乡供水一体化EPCO模式的发展愿景

金寨县地跨三省，拥有两座大型水库（梅山水库库容23.37亿立方米，响洪甸水库库容26.32亿立方米），水源充沛优质，有充足的水源条件为周边市县提供优质供水。面对新的挑战和机遇，金寨公司将始终坚持以政治建设为统领，恪尽职守，勤勉尽责，埋头苦干，在工作中不断总结经验教训，不断发掘新的市场和业务。强化投资风险评估，将属地范围内水业务做深做透。进一步强化设计管理、工程建设管理，建立健全联合体项目组织架构，为项目建设保驾护航。树立良好的品牌形象，使其成为业务拓展的一把"亮剑"，让政府放心，让百姓放心，让项目公司在属地有良好的经营市场。

二、和县城乡供水一体化EPC+O模式的探索实践

（一）城乡供水一体化EPC+O模式的基本情况

和县位于安徽省东部，原隶属于巢湖市，2011年区划调整后，现属马鞍山市管辖；位于长江下游西北岸，东与南京、芜湖、马鞍山隔江相望，东北与南京浦口区仅一桥相隔，南临芜湖市鸠江区，西与含山县接壤，西北毗邻全椒县，交通便捷。和县县域面积1313平方千米，辖9个镇，人口约53.39万（常住人口41.1万），乡村人口约37.2万，长江岸线41.6千米，水域面积118.91平方千米。

和县地处大别山余脉，属淮阳山字形前弧东翼北东向构造体系，主要构造形态为北东向的长江挤压破碎带，地貌类型以平原为主，兼

有台地和低山丘岭。由于地处亚热带季风气候区和南北气候过渡带，冷暖气流交汇频繁，降雨时空分布不均。南部及沿江一带为长江冲积平原，地势较为平坦，沟河港汊纵横交错，水库坑塘星罗棋布，河网密集，水系发达，水资源较丰富，一江六河（长江、牛屯河、姥下河、太阳河、得胜河、石跋河、滁河等）纵横其中。除此之外，还有连接牛屯河、姥下河、太阳河、得胜河的丰山河。

和县历史悠久，公元前221年置历阳县，辛亥革命后，改称和县，距今已有2200多年的历史。"青山绿水到江沿，土地一半是良田"，和县秉承精耕细作、坚韧务实的农耕文化，走出了一条绿色蔬菜发展之路，被命名为"中国蔬菜之乡"。"天门中断楚江开，碧水东流至此回"，和县山水资源丰富，生态环境优越，坐拥天门山、鸡笼山、如方山三座历史名山和香泉湖、半月湖、如山湖三个风景名湖，已成为生态休闲胜地。"对标杭嘉湖，打造白菜心"，作为安徽融入长三角一体化发展的最前沿和国家主体功能区规划中确定的重点开发区域，和县按照"大江北"的发展理念，依托毗邻南京的发展优势，构建了工业"一区多园"、农业"一园多区"发展平台，滨江产业新城已经形成。

截至2020年初，和县农饮水工程中位于农村地界的水厂有11座，农村水厂供水能力达5.1万立方米/日，基本实现全县域供水到户全覆盖。供水入户人口35.027万人，具备入户条件但未入户人数0.1719万人，分散式供水948处，总覆盖人口35.5535万人。和县农村集中供水率为97%，自来水普及率为96%，规模化工程供水人口覆盖率为96%。

但是，除中国水务下属子公司和县华水水务有限公司（以下简称和县水务），乡镇水厂均存在不同程度的问题，如：规模小，部分水厂供水能力不足；地表水源保护不完善，存在不同程度的污染；水处理过程不科学，水处理设备简陋，饮用水水质不达标；无专用供电，无法保证持续供水；一级供水管网尚未完全成环，二、三级管网多为支状且管网老化、漏损严重，缺乏调节设施，供水压力不足；供水服务不规范；工程技术力量薄弱；信息化程度低……以上这些，与农民"喝好水"、喝安全水的需求仍有一定的差距，一定程度上影响农村人居环境的提升和乡村振兴战略的进一步实施。

为有效解决城乡供水矛盾，保证用水水质，缩小城乡居民用水的差距，进一步提升农村居民的获得感、幸福感，和县政府自2017年开始实施城乡供水一体化工程：和县水务水厂至香泉镇、乌江镇供水主管网的铺设，和县水务水厂的扩建以及香泉备用水厂的建设，前期各项工程均已完成。为进一步解决管网泵站配置不合理的问题，有效提升水厂的供水能力，和县政府于2022年开展集中式供水工程及管网整合提升项目农村二、三级管网改造升级工程，项目投资2.29亿元左右，涉及和县下辖7个乡镇11座水厂供水区域内供水片区的供水管网及附属设施改造，设计供水总规模15.39万立方米/日，覆盖人口77.4万人。中国水务下属子公司北京中水新华灌排技术有限公司、和县政府下属企业和州水利集团、国内甲级设计单位西北设计院强强联合，组成EPC+O联合体，成功中标该项目，积极参与到项目建设当中（和县水务作为原有O方也参与其中）。

（二）城乡供水一体化EPC+O模式的主要做法

1.县域供水现状摸排分析

和县水务是江苏水务在和县从事水务运营的子公司，拥有1座净水厂，制水规模由2014年的5万立方米/日扩建至2022年的10万立方米/日，水源为长江水，厂内处理工艺采用预处理+常规处理，具体工艺为水力+机械混合、折板絮凝、平流沉淀、普通快滤池（二期为V型滤池）、次钠消毒。供水区域为历阳镇、乌江镇南部片区、西埠镇局部、乌江新城、香泉镇、石杨镇、善厚镇。经过对和县全域的供水状况进行摸排和分析，主要问题如下：

乡镇水厂规模小，部分水厂供水能力不足；水处理设备简陋，11座农村独立的给水设施水质、水量无法保证；管网覆盖率较低，且部分已建管网破损严重，无法实现水质监控等；部分水厂无专用供电，无法保证持续供水。

地表水源保护不完善，虽然划定了水源保护区并制定了相应的保护措施，但监管难度大。善厚水厂水源地半边月水库，近年由于小型豆腐加工企业乱排污水导致水质下降；此外，西埠范桥水厂、腰埠水厂、香泉健康水厂存在不同程度的季节性污染。水处理过程不科学，净水设备不完善，水质不合格的情况屡屡发生，除和县水务具备水质自检能力，其他水厂检测设备标准低。饮用水水质不达标，水质堪忧。尚未建立县级备用水源，在遭遇旱情或其他突发事故时，缺少一套科学合理的应急保障方案，及时有效应对灾情的能力有待提高。

配水管网覆盖率低，供配矛盾突出。一级供水管网尚未完全成环，二、三级管网多是支状且管网老化、漏损严重，供水水质难以保证。缺乏调节设施，配水管网管径偏小。市政配水管网共设有5个测压点，用水高峰时，各测压点供水压力不足0.2兆帕，供水压力不足。工程设计寿命易缩短，管网漏失检测设备短缺落后。

工程运行管理机制不健全，供水服务不规范，管护责任未完全落实。水表老旧、计量方式落后导致无法实现计量监控，水费收缴困难，个别地区漏失率超过60%，严重影响产销差的控制。

工程技术力量薄弱，信息化程度低。部分水厂由个人承包，缺乏专业管理养护和运营知识、人员和设备，管理人员业务水平低，供水单位本身也缺乏人才意识和科技意识，忽视了对管理技术人员的培训和再教育。

2. 工作举措

根据安徽省委、省政府关于实施乡村振兴战略、推进城乡融合发展的要求，结合和县供水现状，江苏水务、和县水务牵头组织EPC+O联合体与地方政府共同研讨，形成规划设计、统筹运营、分步实施的统一思路：

一是统一规划，整合现有资源。2014年，江苏水务以现金、和县人民政府以原国有自来水公司资产入股的形式，共同组建和县水务，其中，江苏水务占股71%、县政府占股29%。农村二、三级管网改造升级工程费用由县政府与和县水务共同承担，双方承担比例为7.5∶2.5；县城至各乡镇主管网及附属设施建设费用由县政府承担；香泉备用水厂及卜集水厂扩建工程均由县政府投资。自2017年工程开始实施，县政府联合和县水务累计完成175千米管网铺设，新建调蓄泵站11座。

二是合理统筹，加快推进工程建设。对原行政区划局限给原供水格局造成的一些不合理问题进行调整，在供水设施现状的基础上进一步优化供水网络，逐步形成安全、合理、经济的城镇联网供水系统。结合城乡统筹和新农村建设，既考虑近期建设的可行性，又要坚持远期供水系统的合理性，尽可能使规划具有较大的弹性。根据区域水资源分布情况，结合各镇发展实际，综合协调供水系统布局，合理选择水源，确立供水分区和增压泵站位置。

三是积极推进以城带乡，城乡融合。统筹配置饮用水资源，消除城乡供水服务差别，解决过去农饮水建设与运维脱节等问题。

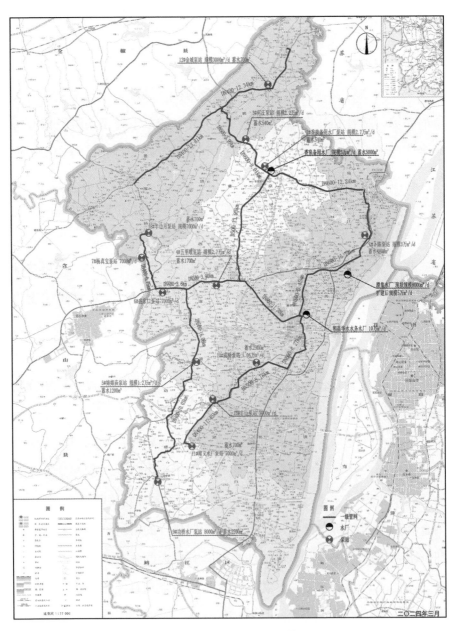

和县城乡供水一体化工程现状图

（三）城乡供水一体化EPC+O模式取得的成效

实施城乡供水一体化之后，和县以服务社会为主要目的，改善了人民的健康状况，并使县域发展不受供水的制约。和县城乡供水一体化EPC+O项目主要取得以下几个方面的成绩：

一是为城乡饮用水安全提供保证（特别是在出现突发状况时），完成日均供水规模为5万立方米的备用水厂建设，将滁河作为备用水源；计划新建日均供水规模为5万立方米的卜集水厂，将长江作为备用水源。两项工程完成后，会使滁河及长江水源互为备用，进一步保证城乡饮用水安全。

二是通过和县集中式供水工程及管网整合，农村二、三级管网改造升级工程有效解决了管网泵站配置不合理的问题，有效提升了供水能力。一级输水管网建设1.5万～3万立方米规模的调蓄泵站8座、末端叠压泵站3座；二、三级管网新建改造各类户外一体化叠压泵站共19座，新建De25～De315给水PE100管1796千米，改造各类阀门井室约4000座，有效解决了镇村供水管网材质较差及增压站配置不合理等问题。

三是降低与水有关的疾病的发生率。由于生产生活污废水、垃圾等乱排乱放和农村化肥、农药用量过多造成水污染，农村人口的癌症和肠道病等发病率偏高。项目实施后，饮水质量得到了明显的提高，生活条件大大改善，广大农民群众可以喝上清洁的卫生水，从而减少了各种疾病的发生，提高了农民的健康水平。

四是解放了生产力，减少了日常生活的投入。项目实施后，农民将从长期肩挑、人抬、找水吃的困境中解脱出来，有更多的精力和资金按照党的富民政策积极从事农业生产、发展庭院经济和从事其他行业劳动，促进农业发展、农民增收。

（四）城乡供水一体化EPC+O模式的发展愿景

和县城乡供水一体化模式的实践，使政府与水务公司实现了紧密合作，使城乡供水管网实现了互联互通，实现了农村与城市同网、同质、同价。应继续加强对管网、水质、水压的安全供水管控，确保广大城乡用户喝上优质水、放心水。

解决农村饮水安全问题是加强落后地区国民经济发展的重要举措。该项目的实施，使部分农民因用水条件的改善而有机会发展经济林、果林等高附加值产品，加快了项目区农民致富的步伐。同时，集中连片供水工程的建设，也改善了小城镇的基础设施，有利于乡镇企业的发展和小城镇的建设，同步实现农村供水产销差率逐年下降，供水水质平稳达标。

和县城乡供水一体化目前覆盖了全县城区供水及其相关供水延伸服务，各乡镇输水一级管网将于2024年底实现全覆盖，到时和县将实现全区域供水同网、同质、同价。和县水务将不断优化完善供水服务，推进水务数字化管控，实现城乡供水一体化高质量发展。

三、寿县城乡供水一体化EPCO模式的探索实践

（一）城乡供水一体化EPCO模式的基本情况

寿县，安徽省淮南市辖县，地处安徽省中部、淮河南岸、八公山南麓。东邻合肥市长丰县、淮南市区，西隔渭水与六安市霍邱县为邻，南与合肥市肥西县、六安市金安区、六安市裕安区毗连，北同淮南市凤台县接壤，与阜阳市颍上县隔淮河相望。区域面积2948平方千米，

耕地面积约1959平方千米，辖25个乡镇，总人口139.6万人。合淮阜高速公路、济祁高速公路、商合杭高铁穿境而过，合肥新桥国际机场毗邻寿县南端。

县境主要土壤类型有黄褐土、潮土、砂姜土、石灰（岩）土、紫色土、水稻土等6个土类，其中包括12个亚类、24个土属、79个土种。以水稻土、黄褐土面积最大，分别占寿县土地面积的69.58%、16.84%，土壤肥力中等。寿县处于华北平原向丘陵的过渡地带，南高北低，由东南向西北呈现出岗地、平原、山地残丘三种地貌，境内河流湖泊水库众多，主要河流有淮河、渭河、东淝河、淠东干渠，大型湖泊有瓦埠湖、安丰塘、梁家湖、肖严湖，大型水库有大井水库、花果水库、罗冲水库。

随着农村社会的快速发展，农村居民的生活条件有了很大的改善。党的十九大以来，新型城镇化和乡村振兴战略的快速推进使水资源供需矛盾日益突出，全面建设社会主义现代化国家，最艰巨最繁重的任务仍然在农村。对此，要坚持农业农村优先发展，坚持城乡融合发展，畅通城乡要素流动。目前乡村在供水水质、水量、服务等方面仍与城镇存在较大差距，为确保城乡居民享有同等供水安全和服务，缩小城乡差距，缓解城乡矛盾，推进城乡供水一体化工作势在必行。

一是政策指引。2021年，水利部发布的《全国"十四五"农村供水保障规划》提出，到2025年，全国农村自来水普及率达到88%，提高规模化供水工程服务农村人口的比例；有条件的地区，积极推进城乡供水一体化建设，实现城乡供水统筹发展和规模化发展。在区域布局上，该规划明确指出，东部地区统筹推进城乡一体化建设，重点发展规模化供水。中部地区充分利用大水源，优化农村供水工程布局。西部地区主要是巩固拓展脱贫攻坚农村供水成果。可以看出，不同区域的农村供水发展重点有所不同，中东部地区着重全面推进城乡供水一体化建设。

二是重点监督。2023年，安徽省水利厅在全省范围内部署开展农村供水问题专项整治行动。此次专项行动的排查内容为达不到饮水安全标准的供水工程和供水对象；不能24小时供水或者供水工程能24小时供水但部分供水对象不能24小时被供水；水质检测不达标、净化消毒设备未配备或不能正常工作的集中供水工程和存在"水大则浑"等问题的分散供水工程。目标是到2025年底，基本实现全省农村24小时供水。

三是认清现状。农村供水作为公益性较强的民生工程，运行维护成本较高。此前寿县乡镇自来水厂大多委托当地居民管理，具体负责收费、维养，一方面，执行水价偏低，水费收缴率不高，所收取的水费难以覆盖良性运行成本；另一方面，管理人员未经专业化学习，通常缺乏管护知识，导致大多数乡镇自来水厂管护措施不到位。此外，全县农村供水信息化建设滞后，无法满足供水监管和日常管护要求。

四是科学规划。寿县县域区域规模化供水作为一项惠及全县居民的重点工程，根据寿县县委、县政府的战略部署，围绕"城乡供水一体化、农村供水城市化、供水管理一体化"的目标，坚持"城乡统筹、资源整合、规模发展、专业运营"的总体思路，科学规划、精心组织、扎实推进城乡供水一体化改革，积极推进乡镇自来水厂的并网建设，提高农村供水保障水平，确保居民饮水安全。同时结合乡镇发展需要和供水实际，分区域统筹完善基础设施，建设规模水厂，统一实行区域供水，为全面实现乡村振兴提供强劲有力的水资源支撑。

（二）城乡供水一体化EPCO模式的主要做法

一是扎根当地助力发展，彰显国企担当。2013年8月，中国水务与寿县政府签署了《寿县水务（环境）项目合作协议》。同年10月，中国水务出资6000万元在寿县成立中皖水务发展有限公司，公司注册资金1000万元，下辖4个全资子公司，拥有寿县第二自来水厂、新桥自来水厂及新桥污水处理厂。两座水厂日供水能力11万吨，管网总长360千米，供水覆盖面65平方千米，用水户数10.17万户，用水人口约30万人，供水普及率96%。新桥污水处理厂设计日处理能力2.5万吨（含新扩建试运行阶段1.5万吨）。

中皖水务经过10余年发展，全力保障寿县城区及新桥国际产业园供水。近几年，新桥国际产业园发展迅猛，轻轨的立项、大批学校的进驻为该产业园的发展注入了新的活力，也给中皖水务发展带来了新的增长点。为满足新桥国际产业园、蜀山现代产业园及周边乡镇的快速发展需求，中皖水务于2022年分别开始实施新桥自来水厂扩建工程、新桥污水处理厂扩建工程，大大缓解了供水、污水处理压力，为当地百姓及企业营造了干净舒适的水环境。

二是保障农村居民用水，树立良好形象。水作为地方经济发展的基本保障，中皖水务有责任也有义务为当地政府排忧解难，关键时刻解决问题。2020年，寿县保义镇多名居民出现呕吐腹泻症状，初步调查判定为志贺氏菌感染引起，为了保障居民人身安全，政府立即停止供水，提出由中皖水务紧急托管水厂运行，确保饮用水安全。中皖水务第一时间组织相关技术人员赶赴现场提出解决方案，利用专业技术优势，3天内恢复供水，及时为政府排除了舆情压力。

为了进一步保障寿县乡镇水厂供水安全，寿县县委、县政府召开专题会议决定保义镇、三觉镇自来水厂以托管的形式交由中皖水务运行。由此，中皖水务通过加强乡镇水厂规范化运营管理，建设中国水务标准化乡镇营业厅，明显改善乡镇居民用水条件，得到了当地百姓及政府的一致认可，为后期成功合作城乡供水一体化项目奠定了基础。

三是城乡供水势在必行，确保水质安全。随着寿县城乡居民生活水平的日益提高，用水量不断增加，寿县已有供水模式逐渐不能满足当地用户对优质供水服务的需求，规模化、标准化、专业化的供水服务势在必行。为此，寿县政府于2023年启动寿县县域区域规模化供水（城乡供水一体化）EPCO项目。中皖水务作为运营方，联合设计、施工单位，于2023年12月19日成功中标该项目，现已开工建设。

寿县县域区域规模化供水（城乡供水一体化）EPCO项目工地

寿县县域区域规模化供水（城乡供水一体化）EPCO项目概算总投资约34.15亿元，将该县乡镇划分为3个片区——北部片区、中部片区、新桥片区，北部和中部片区各新建一座规模10万吨/日水厂，在充分利用既有农饮水工程管网的基础上，配套建设县域内相应的泵站与管道工程。该项目建成后与中皖水务原有供水能力相融合，形成覆盖全县的城乡供水"一张网"，同时发挥中国水务标准化运营优势，实现寿县全域供水"同管理、同质量、同服务、同标准"。

（三）城乡供水一体化EPCO模式取得的成效

一是优质供水服务充分展现。中皖水务同地方政府深度合作10余年，深受地方政府的信任与支持，下辖新桥自来水厂获评2023年度国家级农村供水规范化水厂，新桥自来水厂、保义镇自来水厂、三觉镇自来水厂均被评为2023年度省级农村工程标准化管理水厂，充分展现了运营管理的专业性与供水服务的高标准。

二是供水设施改造升级。中皖水务利用新建成的两座规模10万吨/日水厂，供水能力更有保障，并且在常规自来水处理工艺基础上增加了膜处理工艺，极大地提高了农村饮水的安全保障水平。同时，通过管道材质、设备投入实现迭代升级，如供水管网DMA（district metering area，独立计量区域）分区管理、无线远程智能水表应用等，使供水设施智能化程度进一步提升，实现从"传统供水"到"智慧供水"的转变。

三是运管体系日趋完善。中皖水务作为城乡供水一体化的运行管护主体，可实现农村饮水专业化、社会化的管护，改变农村自来水管理体制不健全、责任不明确、产销差率高、水费计收困难的面貌。

（四）城乡供水一体化 EPCO 模式的经验启示

一是明确供水指导思想。以习近平新时代中国特色社会主义思想为指导，深入贯彻落实党的二十大精神及习近平总书记考察安徽重要讲话指示精神，巩固拓展脱贫攻坚成果、实施乡村振兴战略、贯彻新发展理念，建立健全农村饮水安全工程长效管理机制，实现供水工程规模化发展、专业化运营、规范化管理。

二是打破传统供水观念。新时代的城乡供水一体化，就是要通过统筹谋划、优化布局和创新机制，打破"一地一水"传统农村供水方式的壁垒。寿县城乡供水一体化工程通过城区管网延伸、区域供水互通、乡村供水标准提高等措施，着力消除城乡基本公共服务均等化领域存在的明显差距，有助于加快实现"十四五"时期寿县农村安全饮水全覆盖，改善乡镇居民用水条件，不断增强广大居民用户的幸福感和获得感。

三是落实业务布局关键。寿县城乡供水一体化工程作为中国水务华东区域总部迈入"二次创业"新征程浓墨重彩的一笔，也是中国水务华东区域总部在安徽省整体布局的关键，直接关系到中国水务华东区域总部在安徽由点到面的转变。寿县县域区域规模化供水（城乡供水一体化）EPCO 项目的成功合作，最大化地保障了中皖水务供水区域完整，同时使寿县与周边的淮南市凤台县、六安市金寨县、六安市叶集区、六安市霍邱县形成了供水地域网，为后续拓展水务市场发挥了引领示范作用，树立了中国水务品牌。

（五）城乡供水一体化 EPCO 模式的发展愿景

坚持品牌建设。面对新的挑战和机遇，中皖水务将始终坚持以政治建设为统领，恪尽职守，勤勉尽责，埋头苦干，在工作中不断总结经验教训，进一步强化设计管理、工程管理，为项目建设保驾护航，打造优质工程、绿色工程、廉洁工程，让政府放心、让百姓放心，深植当地塑造供水企业良好形象。

实现"三同"目标。寿县县域区域规模化供水（城乡供水一体化）EPCO项目缓解了寿县城乡供水发展不均衡不充分的矛盾，实现了水资源的优化配置，基本形成了"同标准、同质量、同服务"的城乡供水安全保障体系。中皖水务在项目建设过程中，结合当地实际情况创新工程管理模式，高标准规划、高质量施工，有效解决了寿县农村60余万名群众的饮水安全问题。

中国水务华东区域总部将积极服务国家战略，围绕寿县"南工北旅"战略定位，充分发挥中国水务投建营优势，全力配合寿县政府实施城乡供水统筹布局、统一运营、标准管理、规范发展，同时，加强与政府对接，助力城市发展，紧跟园区企业供排水增量，促进环保类项目落地，真正把企业高质量发展与助推地方经济社会各项事业发展结合起来，实现供水经济效益和社会效益的融合，努力办好解民忧暖民心实事。

四、当涂县城乡供水一体化EPCO模式的实践探索

（一）城乡供水一体化EPCO模式的基本情况

当涂县，隶属于安徽省马鞍山市，地处安徽东部、长江下游南岸，东临马鞍山市博望区和石臼湖，以湖中流河与江苏省南京市溧水区、南京市高淳区交界；西濒长江，与马鞍山市和县隔江相望；南与芜湖市鸠江区、芜湖市湾沚区及宣城市宣州区接壤；北与马鞍山市雨山区

毗连。全县总面积1002平方千米。全县人口总数达47.8万人。当涂是传承千年的文化之城，自古以来就是文人墨客青睐之地，南朝大诗人谢朓称之为"山水都"。南朝当涂才子周兴嗣，一夜著就中国蒙学经典《千字文》。诗仙李白七次游历当涂，写就《望天门山》等56首千古绝唱，晚年定居当涂，终老长眠青山。北宋著名词人李之仪，写下了"我住长江头，君住长江尾；日日思君不见君，共饮长江水"这首传唱千年的经典诗词。

当涂县李白文化园中的李白雕像

当涂县地处长江下游水网地区，境内以平原为主，主要有冲积平原、冲积湖积平原和湖积平原，海拔在10~20米，地势坦荡，由黏质砂土、砂质黏土等组成。县境内多河流、湖泊，属长江水系。长江纵贯县境西部，湖泊横卧东缘，中部广大地区的河流多呈西北流向或西流注入长江，境内有长江当涂段、姑溪河、青山河、黄池河、运粮河、博望河、外桥河、扁担河、襄城河。另有石臼湖、丹阳湖两大湖泊。地下水由于境内沿江河湖圩区均属冲积、湖积底层，故非常丰富。

当涂县农村饮水安全工程建设分为两个阶段：第一阶段为2005—2007年，重点开展规模水厂建设、主管道敷设和小水厂兼并整合等工作；第二阶段为"十二五"时期，主要实施农村水厂末端管网延伸改造工程。全县现有农村规模水厂10座，其中国债规模水厂9座，集体小水厂1座，总供水能力8.25万吨/日，总供水人口40.08万人。近年，当涂县迎来快速发展，人民生活水平大幅度提高对农饮水供水安全提出了新的要求。现有供水设施建于饮用水卫生新标准颁布前，水源水质、处理工艺、供水水质已难以满足现状要求。在供水企业运行模式上，存在供需矛盾，存在用户未按表计量、按量缴费等问题，这在造成水厂生产管理困难的同时，也形成了对水资源的极大浪费。因此，为保障人民群众的饮水安全、达到供水质量要求，进行农饮水问诊把脉和规划指引已是迫在眉睫。为贯彻落实安徽省委、省水利厅的要求，切实做好当涂县农村供水保障工作，2022年4月《当涂县农村饮水改造提升工程可行性研究报告》获得批复。

2023年11月当涂县政府正式启动当涂县城乡供水一体化EPCO项目，工程范围覆盖太白镇、护河镇、黄池镇、大陇镇、石桥镇、塘南镇、乌溪镇、湖阳镇、江心乡等8镇1乡，包括大公圩中心水厂、功勋水厂、姑孰镇华业自来水厂、太白镇华业自来水厂、江心水厂、太白镇水厂、太白鑫龙水厂、太白永泉水厂和湖阳水厂等9个供水系统。总投资额约3.18亿元，主要建设内容包括：对江心水厂、太白鑫龙水厂、大公圩中心水厂等共5座水厂进行扩建、技改，对当涂县农村范围内老旧破损的供水管网进行改造，根据供水分区布置，改造DN150～DN300管网总长度约118.87千米，新增水厂间连通管约22.4千米，新增DN600及DN800原水管线约28.5千米，末端管网改造约4

万户。中国水务下属子公司江苏水务投资有限公司（以下简称江苏水务）、上海自来水投资建设有限公司与上海市政工程设计研究总院（集团）有限公司强强联合组成EPCO联合体成功中标该项目，积极参与到项目建设当中。

（二）城乡供水一体化EPCO模式的主要做法

1.依托属地水司对当涂县全域供水状况进行摸排、分析

当涂华水水务有限公司（简称当涂华水水务）是江苏水务在当涂县从事水务运营的子公司。该公司拥有8个农村自来水厂，供水覆盖当涂县10个乡镇和3个开发区，服务面积约800平方千米，总日供水能力达8.6万吨（其中大公圩中心水厂3万吨，太白鑫龙水厂2万吨，姑孰镇华业自来水厂1万吨，沿江水厂1万吨，江心水厂0.5万吨，太白永泉水厂0.5万吨，湖阳水厂0.5万吨，大陇水厂0.1万吨），受益人口约30万人。另外，该公司拥有一座污水处理厂，其位于当涂县经济开发区，占地4.86万平方米，污水处理能力6万吨/日，尾水排放达到一级A标准，负责当涂县城区约10万人的生活污水处理。中国水务依托当涂华水水务对当涂县全域的供水状况进行摸排和分析，梳理出以下主要问题。

第一，小型水厂类。平流沉淀池积泥较多，有损出水水质，而排泥管上为手动闸阀，需人工切换，无法准确控制排泥。滤池内滤料损失严重，需进行更换。二级泵能耗较大，需进行节能改造。加氯投加点仅有一个，无法应对水量变化及水质变化，需进行系统改造。清水库过小，调蓄能力不够。自来水深度处理工艺及污泥处理工艺不足。净水工艺缺少自控系统。

第二，输配水管网类。一是用水高峰期供水不足。黄池镇集镇区

处在加压泵站后，镇区大部分管网为新敷设PE给水管网，水力条件较好，平时可满足用水要求，但供水高峰时只能供给到三楼，且水量很小，不能满足生活用水要求。集镇区前的输配水管网漏损率较大，且集镇区内部分老旧管网漏损率较大，导致集镇区内供水量不足，在用水高峰时水量问题尤为突出。大陇镇在用水高峰期供水不足，造成这种问题的主要原因是加压站进出水管道管径偏小，仅为DE200和DE150，不能满足用水高峰的用水需求，而当地政府正在组织敷设DE400大陇线。由于部分配水主管管径过小以及末端管网漏损严重，黄池镇的中渡村和中闸村，塘南镇的边湖村和普新村，石桥镇的团月村和济南村，乌溪镇的一心村、金庄村、胜平村及镇区等在用水高峰期供水不足，不能满足生活给水需求。二是管网材质差，管径设计不合理。大公圩部分供水支管及末端管网建于20世纪80—90年代，其中集镇区域管网均为镀锌钢管，因运行时间长，锈蚀严重；农村区域管网多为UPVC塑料管，均由整合前的小水厂厂主自购和埋设，受资金投入有限等因素影响，原有管道管径设计均偏小，且以前的设计和布局都不能满足如今经济发展和群众的用水需求。三是管网漏水严重。由于大公圩入户末端管网建设年代较早、管材质量差，现漏水现象十分严重。四是管网水质不稳定。因管网破损严重，管道内的水常出现二次污染，使出水厂水质、末梢水浊度等基本指标不稳定。五是管网调蓄能力较小。目前管网中无调节水池，而加压系统除护河加压站有一座500立方米的清水池以外，其他加压站均无调节水池，应对高峰供水能力较差。管网排水、排气、计量、测试等附属设施不完善。根据现场实际情况，现有供水管网排水、排气设施明显不足；大部分居民未安装水表；管网测压点、测流点较为欠缺。

江苏水务、当涂华水水务就农村居民用水情况开展实地走访调研

2.针对问题科学规划、统筹实施

根据《当涂县农村供水专项规划（2020—2035年）》中的水量预测及供水片区划分，结合现实供水问题，江苏水务、当涂华水水务牵头组织联合体与地方政府共同研讨形成规划设计、统筹运营、分步实施的统一思路：近期对现有水厂进行技改，完善配水管道及入户计量工作；远期由当涂县规划供水分区，即围绕大公圩中心水厂、太白鑫龙水厂和江心水厂划分为三大供水分区。三个水厂分别进行原水和净水的改扩建工程，在配水管道上大公圩服务片区与太白鑫龙服务片区进行互联互通。具体实施内容和步骤如下。

第一，近期江心水厂扩建至5000立方米/日，扩建规模2000立方米/日；采用一体化净水设备，设备单座制水规模2000立方米/日；扩建包括取水头部改造，新增原水管道；现状单体需进行技改，更换絮凝网格、斜管及超滤膜。

第二，姑孰镇华业自来水厂扩建至1.5万立方米/日；采用一体化净水设备，设备单座制水规模5000立方米/日；扩建包括取水头部改造，新增原水管道等。

第三，大公圩中心水厂、太白鑫龙水厂、太白镇华业自来水厂、太白镇水厂维持现状处理规模，对厂内设备进行技改。功勋水厂停用并网，由大公圩中心水厂供水；太白永泉水厂停用并网，由太白鑫龙水厂供水。

第四，建设大公圩中心水厂至姑孰镇华业自来水厂、太白鑫龙水厂至太白永泉水厂、太白鑫龙水厂至太白镇水厂互联互通管道，管径DN300～DN600，总管长22.4千米。

第五，出厂配套管网及泵站工程出厂水服务于县域所有乡镇，因此，需要考虑敷设配水管线覆盖整个县域。根据供水分区布置，近期管网管径DN150～DN300，总长118.87千米。考虑到供水距离较远，设置5座区域增压泵站，分别为尚兴加压站、乌溪加压站、大陇加压站、护河加压站、护河大桥加压站。功勋水厂改造为增压泵站。为便于管网监测，分别在管网中间隔设置测压点、末端测流点和水质监测点。农饮水末端管网改造涉及约4万户，另包含姑孰镇丁坝水库、护河镇万山村、青山林场的供水改造。末端管网改造不仅包含入户水表及管道的配置，还包含供水主干管到村、村到户的配水管道工程建设。

第六，供水信息化建设和水质检测、监测能力建设。为了保障水厂正常运行，优化用户服务体验，建设管网维护GIS。供水信息化建设包括管线探测和综合管理平台搭建、水质检测和监测能力建设等内容。

3.干一片、成一片，分批出图、分批实施

为更好地将联合体成员单位拧成一股绳、统一思想，发挥各自的

优势、同步推进，经联合体成员单位共同商定、当涂县政府主管部门同意成立联合体指挥部，指挥部核心班子成员由联合体成员单位相关人员共同组成，指挥部代表联合体成员单位与当涂县政府共同规划和指导项目实施。EPCO中的每个环节均由指挥部负责管理和监督落实。对指挥部建章立制，极大提高了工作效率和管控效力。

指挥部秉持"干一片、成一片"的原则，结合供水设施现状、管网摸排情况和设计规划，与当涂县政府主管部门商定分批出图、分批实施的总体推进思路。将整体项目划分为4批先后推进实施，即第一批：功勋区域、江心区域末端管网改造工程。第二批：大公圩DN600源水管、姑孰DN600源水管、江心水厂、姑孰镇华业自来水厂、大公圩中心水厂扩建技改工程。第三批：太白区域末端管网、乌溪DN400管、永泉DN400管、大公圩DN800源水管改造等工程。第四批：姑孰区域末端管网改造、取水头部改造工程。贯彻落实分批出图、分批实

大公圩中心水厂加班加点施工

施的战略方针，既能加快开工和施工进度，又能保障稳步推进和分阶段改造效果，使农村居民饮用水问题逐片得到解决。设计方、施工方、采购方、运营方从设计施工到运行服务全过程对每批完成的工程进行复盘和总结，不断提升管理水平和工程实施效果。

（三）城乡供水一体化EPCO模式取得的成效

一是管网改造入户，使百姓用水受益。经过前期的充分筹备后，根据区域管网改造的轻重缓急，有计划、有重点地陆续开展改造提升工程。目前，已完成各区域主管网改造55千米，支管网改造500千米，改造入户1.3万户，解决1.3万户用水难的问题。该工程的实施大大降低了用水投诉率，得到了各级领导的高度评价和肯定。该工程的实施不仅改善了当地居民的生活用水条件，提升了城乡供水水平，还推动了当地的经济社会发展。

二是对厂区供水项目的施工及技改，解决了供水产能不足问题。大公圩中心水厂清水库主体工程基本完工，已经投入使用，保障了春节期间大公圩区域供水。江心水厂超滤膜净水设备已完成安装调试、水样送检第三方分析等工作，目前正报当涂县有关政府部门验收，验收合格后将投产使用。姑孰镇华业自来水厂一体化设备已投入使用。

（四）城乡供水一体化EPCO模式的发展愿景

当涂华水水务的目标是在未来一年内提前完成当涂县城乡供水一体化EPCO项目的建设，并实现供水系统的正常运行。这将有效解决当地居民的用水问题，提高其生活质量，同时也将推动当地的经济社会发展。

五、金寨、和县、寿县、当涂EPCO模式的经验启示

事实证明，属地政府将城乡供水一体化项目整体交由专业化国企水司牵头总体规划的组织实施，可以充分发挥国企水司的专业能力，彰显国企担当。因为专业，为保障长期经营效益，国企水司必然会从全局出发做整体供水规划。只有百姓满意了、政府放心了，企业才能长足发展。

EPCO中的O方（运营方）既要参与供水工程建设，又要承担长期运行服务的任务，为降低新建供水设施积重难返风险提供有力保障。为保证长期经营效益，必会仔细、彻底摸排供水存在的问题，从而对症下药；以持续稳定运行、安全可靠供水为目的参与供水规划和图纸设计，在投资总额有限的情况下不断优化设计、监督施工质量，实现降本增效。

第九章
城乡供水"五同"服务模式

水是生存之本，让老百姓喝上清洁、安全的放心水，事关人民群众切身利益，直接影响着人民群众的生活质量和生命安全。为贯彻习近平总书记在十九届中央财经委员会第一次会议上提出的"确保所有城乡居民喝上清洁安全的水"[①]这一重要要求，中国水务依托大水源布局、大水厂建设、大管网构建，积极探索同厂、同网、同质、同管、同服务的城乡供水"五同"服务模式，在山东水务所属滨州市南海水务有限责任公司（简称滨州南海水务）、日照市海洋水务有限公司（简称日照海洋水务）等的实践中，努力促进了农村供水工程与城市管网互联互通。

一、滨州南海水务：聚力"五同"、服务民生

（一）聚力"五同"、服务民生的基本情况

黄河——中华儿女的母亲河，也是滨州市辖区最主要的饮用水水源。滨州地处黄河下游，黄河三角洲腹地，素有"黄河之滨，渤海之洲"之称。2003年3月19日，滨州南海水务在滨州市委、市政府的统

---

① 习近平：《论坚持人与自然和谐共生》，中央文献出版社2022年版，第202页。

一部署下发起成立，成为滨州市"四环五海"发展规划的重要组成部分。2010年，滨州南海水务成为滨州水务集团有限公司的全资子公司，注册资本金5000万元，主要承担滨州经济技术开发区以及杜店、沙河、里则等街道的居民生活及企业经营供水任务。

滨州南海水务紧紧围绕滨州市政府战略部署及企业高质量发展要求，与时俱进，开拓创新，从严从细管好水资源，优化水资源节约集约利用，持续提升供水管理水平和业务能力，遵循"城乡统筹、资源整合、专业运营、优质服务"建设思路，打破城乡界限，坚持以"优化水源环境，提升供水品质，当好水管家，做好水服务"为着力点，以"同源"为心脏，以城乡统一供水管网为主动脉，辐射带动周边区域二次供水，以水质监测、水质提升为保障，稳步推进城乡供水"同质""同服务""同监管"建设，不断强化农村供水管理，补齐农村饮水安全短板，打响城乡水务一体化建设攻坚战，让农村和城市的居民一起喝上安全水、放心水、幸福水。

滨州南海水务是集水库、水厂、管网于一身的综合型供水运营企业。南海水库以黄河水为水源，分东、西两大库区，总面积超过2.8平方千米，总库容996万立方米。东、西库区以渤海十八路主干道为界，通过连通闸实现互通互补。南海水厂一期（供水能力2万吨/日）建成于2004年，为满足区域发展需求、符合公司发展规划，水厂二期及工业原水供水工程陆续建成，现水厂设计供水能力15万吨/日（净化水5万吨/日，工业原水10万吨/日）。自来水深度处理工艺于2023年9月底建设完成并投入使用。供水管网总长度224.15千米，供水区域总覆盖面积119平方千米，受益人口约20万人。目前，滨州南海水务供水区域农村自来水普及率100%，集中供水率100%，供水保证率97%以上。

（二）聚力"五同"、服务民生的主要做法

一是规范化管理从源头做起。滨州水资源人均占有量约为270立方米，是全国平均水平的1/8，该市属于严重缺水地区。饮用水水源地是滨州重要的生态环境保护对象，特别是在滨州水资源短缺的情形下，保护住城市和农村的血脉，守护好润泽百姓的源头，既是老百姓的福音和期盼，也是水务主管部门和供水企业坚决捍卫的责任和义务。2017年以来，滨州南海水务把保证饮用水水源地安全作为公司重点民生工程，以落实滨州市城乡水务局河长制、库长制管理为出发点，以实现规范化标准化管理为目的，创建水利安全生产标准化供水企业，重点加强对水库的安全管理，全面落实安全生产责任制，不断完善安全生产管理制度，规范水库作业流程，形成一套完整的饮用水源地安全管理体系，并结合新准则、新政策、新要求不断完善，持续改进。滨州南海水务通过对各项制度的不断完善和督导执行，有效促进制度体系落实落地，切实减少了违章违规行为，规范化管理水平不断提升，极大地降低了各类事故的发生率，确保了公司供水源头的有效保护和安全运营。

以水厂标准化建设实现强身健体。习近平总书记在党的十九大报告中提出"打铁必须自身硬"[1]。滨州南海水务深知企业发展要紧跟时代发展的步伐，向标准化管理要效益。2018年滨州南海水务开始进行标准化水厂建设，2019年建成水厂制水工艺中控系统，基本达到水厂工艺流程可视化和管控要求，重点建成了净水剂、消毒剂及二氧化碳等药剂的自动投加系统，滤池水位自动调节和远控反冲系统，以及清水

---

[1] 习近平：《决胜全面建成小康社会 夺取新时代中国特色社会主义伟大胜利——在中国共产党第十九次全国代表大会上的报告》，人民出版社2017年版，第61页。

池水位监测、供水压力流量等关键数据监测、泵房机泵配电参数监控、行车远程控制、水质在线监测等生产功能，实现了常规工艺运行三级控制，初步实现了信息化自动化控制，公司管理水平再上新台阶。2020年以来，滨州南海水务对公司老旧供水设备设施进行升级改造，消除老旧设备输配电安全隐患，加快应用节能产品、智能产品、新技术、新方法。2022年，重点加强水质监测设备、监控设备设施、岗位门禁系统建设，同时实现了从原水到沉淀出水，到滤后水再到出厂水的全过程水质在线监测，进一步提高了水厂工作区域安全管控能力。2023年，滨州南海水务基本建设完成罐体式臭氧活性炭深度处理工艺，处理能力5万立方米/日，并配套建设完成深度处理自动控制系统。随着企业数字化、智慧化发展，滨州南海水务紧跟时代步伐，以自动化设备为基础，以智能化前后终端和模块为辅，以水厂设备自动化控制和水厂工艺流程监测为中心，建立智能化、信息化、管控一体化的统一管理平台，将传统的自动化控制系统、建筑信息模型（building information modeling，BIM）可视化系统、安防监控系统、报警系统、设备管理、水质管理等数字模块统一到平台，实现统筹服务、统一管理，通过数据信息共享、交换，在发挥各系统原有功能的同时协同运行工作，实现数字化控制、智慧化运营的最终目标。

二是以水质提升实现"同质"。2016年以来，滨州南海水务以水质提升为目的，高标准建设水质化验室。水质化验室检测能力从最初的50余项逐步提升至600余项，完成检验检测机构CMA资质认定，实现了生活饮用水、地表水、地下水全分析能力。在滨州市供水行业中，该水质化验室检测能力和技术水平首屈一指，不仅有效提升了滨州南海水务水质管控效率和工艺调控速度，使滨州南海水务出厂水自检和政府抽检连续多年合格率达到100%；而且每年为滨州提供城乡水司水质抽检服务，为滨州市政府落实全市四县五区一市的水质提升工程成效检验提供了数据依据。2023年9月，滨州南海水务建成臭氧活性炭深度处理工艺，杀菌除藻、吸附异味效果良好，滤后消毒剂消耗降低，水厂出厂水水质得到进一步提升，居民用水水质问题投诉率为0。

城乡供水一体化实现"同管网、同管理"。为满足城乡一体化用水需求，滨州南海水务狠抓管网改造等基础设施建设，打造安全可靠稳定的供水环境。围绕农村自来水"镇镇通、村村通"目标，加快供水各级管网建设。2020年底，滨州南海水务对供水主管网进行改造，在建成三条主管线后，形成"三线一环"的输水网络，将供水管网由城市延伸、覆盖至乡村，建立起一体化的城乡供水网络系统，全面实现了城市、农村供水闭环联网联供新格局。在供水及水质管理上，采用一家公司运营、一张规划实施、一个标准建设、一个模式管理的办法，充分确保了滨州南海水务区域城乡居民在饮水、用水方面享受同等待遇。

三是以服务民生为最终目标。近年来，围绕群众满意目标，滨州南海水务逐步构建民生服务保障体系。第一，工作标准规范化。滨州南海水务建立管线维修、客户服务、水质内控等方面的多项工作标准，完善"客户投诉处置流程"等多项工作程序，使业务操作更加顺畅。第二，便民服务高效化。滨州南海水务实行供水报装免费接入服务，报装时限缩减为2～3个工作日，达到全市先进水平；紧跟政府政策要求，加快当前城乡用水户"户表改造"，推广智能水表更换，开通用水报装、缴费等多项"网上办"业务，实现群众"零跑腿"办理业务。第三，应急保障常态化。滨州南海水务加强专业化供水服务队伍建设，确保供水突发事件第一时间受理、第一时间解决。

（三）聚力"五同"、服务民生取得的成效

2017年、2021年、2022年，滨州南海水务分别荣获水利部"全国水利安全生产隐患排查整治竞赛三等奖"、水利部"农村供水规范化水厂"称号、中国水务"优秀QC成果奖"。

滨州南海水务于2021年12月获评山东省水利厅"水利安全生产标准化二级单位"，后于2023年1月顺利通过"水利安全生产标准化一级单位"达标认证，是山东省首批通过一级标准化认证的供水企业之一。近年来，在水质管理上，滨州南海水务更加注重专业人才培养，获得了

（a）　　　　　　　　　　（b）

滨州南海水务获奖证书

（a）　　　　　　　　　　（b）

滨州南海水务"水利安全生产标准化"证书

山东省水质检测技能大赛一等奖、山东省"技能兴鲁"职业大赛一等奖等荣誉，先后有4名化验员荣获山东省水利厅"专业技术能手"称号。在自我提升的同时，滨州南海水务也让农村居民在饮水用水方面逐步享受到同厂、同网、同质、同管、同服务的惠民服务，逐步向"农村供水城市化、城乡供水一体化"迈进。

（四）聚力"五同"、服务民生的经验启示

因地制宜，合理规划供水企业发展和"为群众服务"路线，形成独特的经营发展模式。供水企业作为民生服务企业，无论采取何种服务模式，都要基于地方供水现状、地方政策环境找到一条和谐发展之路，只要能体现为群众办实事、办难事、办急事，群众就会守护企业的发展，群众和企业就会相辅相成，和谐共生。

提高政治站位，用好用活政府政策，抓机遇，谋发展。供水企业要坚持把创新思维方式、积极主动作为贯穿企业发展思路始终，深研国家和省市的政策和精神，解放思想、不等不靠，以供水服务为载体深挖政策红利，对标对表、强化担当、积极争取、精准对接，在"管理"和"服务"上下功夫，用足用好用活有利政策把实事办好，探路径、攒经验、做示范，不断加快自身持续健康发展。

加快智慧水厂建设。智慧水厂以新信息技术为手段，实现生产、运行、维护、调度和服务等全过程管理。各环节高度信息互通，服务便捷，反应快捷，管理有序，高效节能，绿色环保，环境舒适，是智慧水务未来发展目标。

（五）聚力"五同"、服务民生的发展愿景

滨州南海水务将继续以同厂、同网、同质、同管、同服务的管理

模式，进一步提升管理能力，提高服务水平。结合中国水务数字化发展规划要求，加快智慧水务建设。与滨州市有关政府部门积极协调配合，加快推动水价改革。积极推动水务公共服务均衡化、优质化发展，实现水量保证、水质提升、水价合理、服务优化，让企业发展惠及人民群众。

二、日照海洋水务：深化"五同"服务，助力城乡水务一体化发展

日照市城乡供水受管网布局等因素影响，在水量、水压、水质等方面存在差异。城市供水管网密集，而农村地区供水管网相对稀疏，供水保证率低，水质易受污染；城市供水企业的水质管理较为严格，水质监测和管理制度较为完善，而农村地区供水企业的水质管理水平相对较低，水质监测能力不足，水质安全难以得到保障；城市供水企业的服务体系较为完善，服务质量相对较高，而农村地区供水企业的服务意识相对较弱，服务手段和方式相对落后，服务质量和水平有待提高。

日照海洋水务本着助力当地经济发展及服务农村百姓的理念，提出城乡供水同厂、同网、同质、同管、同服务一体化运作模式，在管理体制、设施建设、水质管理、服务水平等方面，采取有效措施，实现城乡供水的统一化和均等化，缩小城乡供水差距，促进城乡协调发展，提高城乡居民的生活质量和幸福感。

（一）实施"五同"服务的基本情况

日照海洋水务涛雒供水厂始建于2014年，本着为社会提供清洁安全水源的宗旨，充分发挥资源、融资、管理和人才等方面的优势，更

好更优地拓展市场。涛雒供水厂建设期间正值日照国际海洋城全力发展时期，供水厂作为基础配套设施，服务于地方。涛雒供水厂占地面积约2.76万平方米，建设规模为2.5万立方米/日，主要建设絮凝平流沉淀池、滤池、加药间、加氯消毒间、配电室、清水池、二级泵房、供水配套管网等设施。水源地日照水库为日照市最大水源地，原水经过地下管道输送到达供水厂。涛雒供水厂水处理工艺为常规工艺，通过加药混合絮凝、沉淀、过滤、消毒等工艺净化处理原水，采用二氧化氯消毒，采用先进的自控系统实现自动化生产运行，出厂水水质符合《生活饮用水卫生标准（GB 5749—2022）》中的规定。

（a）

（b）

涛雒供水厂

（二）实施"五同"服务的主要做法

日照海洋水务坚持以习近平新时代中国特色社会主义思想为指导，深入学习贯彻党的二十大精神，积极践行习近平总书记"节水优先、空间均衡、系统治理、两手发力"①治水思路，全面落实习近平总书记关于治水的重要论述，深刻认识农村饮水安全保障是推动乡村全面振兴的重要标志，坚持城乡统筹，加快推动农村供水高质量发展。

为实现城乡供水一体化，日照海洋水务分以下三个阶段落实工作。

---

① 习近平：《论坚持人与自然和谐共生》，中央文献出版社2022年版，第239页。

第一，计划阶段：2014年涛雒供水厂开始建设以后，日照海洋水务考虑到涛雒地区无饮用水源地，确定城乡供水的需求可行性，针对原供水能力不足、管网漏损严重、水量不足、水压不稳定、水质不稳定、单一供水等状况，对供水管道进行布局，并制订详细的供水计划，使水源水由河道水变为水库水，饮水水质得以改善。

第二，建设阶段：2014—2015年敷设主管道球墨铸铁DN700/600/400/300/250，管网辐射到工业园、学校、居民安置楼；2015—2016年敷设管道球墨铸铁DN400/300/250，管网辐射到旅游景点、农村供水片区、养殖区、商业区、商品楼房；2016年至今供水管网不断往外敷设，建成农村供水区域、跨区域供水区域等。这保证了用户所需之处，管网敷设到位。2019年投资建设厂级水质化验室，2020年投资实施了水厂工艺改造高锰酸钾预氧化预处理技术。水厂采用高锰酸钾预氧化原水—平流沉淀—V型滤池过滤—消毒的常规处理工艺，增加强化预处理工艺，在前端增加高锰酸钾预氧化环节以应对突发水质风险。

第三，运营阶段：供水系统建设完成后，需要进行运营和维护，包括确保水质安全、水量充足，以及对供水系统进行定期检查和维修。2023年，为深入贯彻水利部办公厅印发的《关于推进农村供水工程标准化管理的通知》，全面提升涛雒供水厂在农村供水工程中的运行管理水平，保障农村供水工程持续稳定运行，日照海洋水务以《农村供水工程标准化管理评价标准》为准则，以工程质量、管理规范、水质达标、水价合理、运行可靠、服务优质为抓手，对照标准找差距，根据差距促整改。

强化安全管理。日照海洋水务把安全生产纳入目标管理，严格落实"全员全覆盖"责任体系，不断夯实安全生产基础管理。一是加强基础设施改造，提升作业环境。根据现场风险研判及隐患等级情况，对涛雒供水厂厂区风险告知牌、上墙宣传栏、安全警示线、生产现场标志等按照中国水务目视化系统进行更换，对电子围栏安保系统、远程视频监控系统进行升级改造。定期组织对绝缘工器具、建筑物防雷装置、压力表等的安全检测，确保设施设备性能完好。二是以"隐患排查治理"为导向，突出常态管理与专项行动相结合。对公司的所有区域场所、设施设备和作业活动进行定期风险辨识，分层级、分专业、分领域确立公司安全风险十大管控重点，积极开展"消防管理""危化品管理""电气安全"等专项治理行动，及时下发隐患整改通知，明确整改时限和责任人，落实整改措施，并对整改完成情况进行验收，做到闭环管理。三是强化演练，提升应急处置能力。针对汛期、重大节假日、恶劣天气，公司上下认真组织排查风险隐患并储备应急物资，制定专项措施，落实值班制度，加强应急救援队伍建设。

加强管网建设与管理。日照海洋水务加大城乡供水设施建设力度，提高城乡供水保障能力。加快城市供水管网向农村地区延伸，提高农村供水管网的覆盖率和供水保证率。一是自2014年开始敷设供水管网以来，始终严格把控管材质量内控标准，确定城乡供水管道使用标准，全面禁止使用灰口管、水泥管、PVC管，优先使用球墨铸铁管、PE给水管等耐压、耐腐蚀、环保管材。二是强化施工现场管理，严把工程质量。严格把控施工材料，选择质量可靠、符合规范的管材和配件，确保材料的质量和规格符合设计要求。根据实际情况制定合理的施工方案，施工过程中严格按照施工方案进行操作，明确责任分工，落实质量责任制。注重验收工作，按照相关标准和规范开展验收工作，确保工程质量符合要求。三是管网运行管理。管网是把供水厂生产的自来水输送到用户那里的重要设施，管网运行管理对确保水质安全和稳定至关重要。日照海洋水务建立完善的管网管理制度，定期对管网进行巡检和维护，及时发现和处理管道泄漏、损坏等问题，防止水质污染，同时根据用户需求和管网压力情况，合理调配水资源，确保管网的水压稳定和安全。为确保居民供水安全，供水客服班组结合供水实际及季节特点，合理部署供水沿线管网及附属设施的安全巡查，针对存在的问题及隐患及时进行妥善解决、整改，严守供水"生命线"。

强化水质管理。加强供水企业的水质监测和管理能力建设，确保城乡供水水质达标。日照海洋水务一直严把水质关，不断完善水质检验防控机制。一是注重提高检测人员检测能力，围绕《生活饮用水卫生标准（GB 5749—2022）》《生活饮用水标准检验方法（GB/T 5750.1～5750.13—2023）》等加强学习培训，进一步提升常规指标和扩展指标的检测能力。二是针对汛期雨水较多、原水水质波动较大、部分指标超标等问题，提高水质检测频次，及时调整各药剂投加量，启用高锰酸钾预氧化处理系统，狠抓措施落实，每年开展年检、月检、日检、应急检测工作，检测达标率100%，有效地保障了供水安全运行。

提高服务水平。日照海洋水务建立完善的用户服务管理制度，提供优质供水服务，及时处理用户的投诉和建议，加强同用户的沟通和互动，提高用户的用水意识和水质安全意识。利用"世界水日""全国城市节约用水宣传周"等时机，通过设置咨询点、发放宣传册、走访用水户等多种方式，大力开展宣传活动，普及饮用水卫生知识，增强全民饮水安全意识。针对群众关心的水质水压问题和常见用水问题，进行耐心细致的解答。2023年全年上门解决用水户问题35起，客户满意率100%，得到了用水户的广泛认可，品牌影响力不断提升。

（三）实施"五同"服务取得的成效

近年来，日照海洋水务通过实施城乡供水同厂、同网、同质、同管、同服务一体化运作模式，在供水服务方面取得了显著成效，不仅提升了供水质量和安全保障能力，还推动了城乡一体化发展，优化了供水成本并提高了运营效率。

在供水质量和安全保障方面，日照海洋水务让城乡居民都能享受到高质量的供水服务。农村过去存在的供水质量不稳定、水质差等问题得到了有效解决，全年多次水质抽检均合格，出厂水和管网水稳定达标，极大保障了农村居民的身体健康。同时，统一的供水管网更有效地应对自然灾害、水源污染等突发事件，提高了供水安全保障能力。

在推动城乡一体化发展方面，日照海洋水务打破了城乡二元供水结构，为乡村振兴和城乡融合发展提供了有力支撑。通过实施统一的供水服务模式，让城乡居民享受同等的供水服务，有效缩小城乡差距，促进经济社会发展的一体化。

在优化供水成本和提高运营效率方面，日照海洋水务通过统一管理和运营，减少了供水设施的重复建设和管理成本。同时，农村供水用电价格的执行降低了制水、配水电耗成本，使得供水服务更加经济高效，为用水户提供了更加可靠的供水保障。

在供水设施与运营绩效方面，日照海洋水务水压合格率、供水设施完好率均达到了高标准，管网管道漏损率则控制在较低水平，体现了该公司在设施建设和运营管理方面的专业性和高效性。

在客户服务与满意度方面，日照海洋水务始终坚持以客户为中心的服务理念，确保电话热线零漏接，投诉办结率达到100%。该公司在应急事件处置上始终迅速响应，确保受影响用水户得到及时通知和抢修服务。高效、贴心的客户服务赢得了用水户的广泛赞誉，近10年用水户满意度均达到99%。

此外，日照海洋水务还获得了多项荣誉成果。该公司被评为安全生产标准化三级达标企业、山东省科技型中小企业等。2023年12月，涛雒供水厂被山东省水利厅评定为"省级农村供水标准化工程"；2024年1月，其又被评定为2023年度水利部农村供水标准化管理工程。

（四）实施"五同"服务的经验启示

加强组织领导。城乡供水一体化是一项复杂的系统工程，需要加强组织领导，负责协调和推进各项工作，同时科学研究城乡供水一体化工作规划，明确总体目标、具体任务和实施步骤。

完善制度建设。建立健全的制度体系是城乡供水一体化的重要保障。要制定相关制度规程，明确各方责任和义务，加强监管和考核，确保城乡供水同质、同服务的实现。

加强科技创新。城乡供水一体化涉及供水技术、管理和服务等多个方面。要积极推广应用新技术、新工艺、新设备，提高供水质量和服务水平。

城乡供水一体化是一项长期而艰巨的任务，需要持续推进，不断探索和创新。要紧密结合当地实际情况，因地制宜、科学施策，扎实推进各项工作，不断提高城乡供水的质量和服务水平。

（五）实施"五同"服务的发展愿景

日照海洋水务将继续做好城乡供水"五同"服务，不断探索以科技创新、服务升级提高供水安全水平。建设可行的智慧化农村供水监管平台，提高水质保障能力。加强管网检测与维修，降低管网漏损率，保障供水水量。优化调度，提高供水水压稳定性。加强同地方政府和农村居民的沟通合作，提升服务水平。日照海洋水务作为一家立志于耕耘城乡水务的专业水务企业，将充分利用自身优质管理资源，发挥好高标准大水厂作用，助力地方城乡高质量发展。

第十章
科技创新保障

中国水务聚焦水务环保主业，立足新发展阶段、贯彻新发展理念、构建新发展格局，实施科技创新驱动发展战略。近年来，中国水务不断完善科技创新组织体系，搭建科技创新制度体系，依托其所拥有的实验检测中心、供水技术中心、水环境技术中心、污泥资源化中心，围绕新、扩、改项目，从全过程技术管理、科研课题研究、核心技术研发、工艺包推广应用等方面，全力推动自身高质量发展。截至2024年5月，中国水务拥有12家高科技企业及创新平台，10家通过CMA计量认证的水质中心化验室；拥有专利224项，其中发明专利16项；共获国家科学技术进步奖二等奖2项、水利部综合事业局昆仑奖7项。自2021年起，累计开展技术创新项目60余项、创新促管理提升QC项目50余项。

一、农村智慧化运维平台建设

（一）农村饮用水运维平台建设思路

农村饮用水运维平台要以"为农村健康饮水提供从源头到水龙头的全链条供水安全保障"为建设目标，同时要兼具运维分析、预警响应、移动端应用等功能，采用分层的架构设计，在提高系统的可扩展性和稳定性的同时，便于后期维护和管理。

一是源头管理——水源地监测与预警。确保水源的安全性，通过安装传感器和摄像头，实时监测水源地的水位、水质等信息。数据通过无线传输方式发送到平台，以便水源状况被及时了解。

二是过程控制——水处理过程管控。水处理过程中，通过各类传感器和控制器的安装，实现对水处理各环节的不同指标，包括加药量、过滤效果、消毒程度等的实时监控，确保水处理效果达到预期。

三是输配调度——供水管网调度。在管网关键节点安装压力和流量传感器，可以实时了解管网的运行状况，合理调度水资源，确保供水稳定。同时，可以及时发现和解决管网中的问题。

四是末端保障——末端水质检测。在供水末端，设置水质检测点，定期检测水质并上传数据。这将有助于及时发现水质问题，保证供水安全。

五是运维管理——数据智能分析。收集和分析平台运行过程中产生的各种数据，可以了解系统的运行状况，预测可能出现的问题，并制定相应的解决方案。这将大大提高运维效率。

六是应急保障——预警与应急响应。平台将具备预警功能，当某个参数超过预设范围时，系统会自动报警并通知相关人员。同时，制定应急响应预案，以应对可能的突发状况。

七是效率提升——移动应用开发。为方便现场操作和管理，开发移动应用。通过手机或平板电脑，工作人员可以随时随地查看系统状态、接收报警信息、执行相关操作等。

八是分级管控——用户管理与权限分配。平台将设置用户管理功能，为不同用户分配不同的权限。这将确保系统的安全性，防止未经授权的访问和操作。

九是服务保障——平台运行与维护。设立专门的运维团队，负责平台的日常运行和维护工作。运维团队将定期检查系统硬件和软件的运行状况，确保系统稳定、可靠地运行。同时，将对平台进行定期升级和维护，以适应需求变化和技术发展。

（二）荣成水务农村智能改厕管理平台

按照市场化运作、专业化抽取、科学化管理的思路，充分发挥市场主体作用，山东省荣成市将维护管理与抽取利用相结合，把农户满意度作为检验农村改厕长期管护成效的主要标准，建立符合实际的农村改厕长效管护机制，妥善解决改厕后续管护问题，巩固农村改厕工作成果。2018年4月，荣成水务接收全市农村改厕后续管护工作，投资115万元，建设农村智能改厕管理平台，负责全市农村厕具管理维护，构建常态化、智能化的新型管护机制。

荣成水务农村智能改厕管理平台由"一个中心，两个终端"组成。该平台充分发挥数据服务中心的主体功能，记录全市所有改厕村庄的农户和改厕管理员（简称厕管员）的基本情况，实时监控作业端车辆行经路线，并对各改厕村庄的抽厕信息和维修信息进行分村、分类记录。系统后台最终对管护服务质量评定的结果及完成情况进行统计记录。

在村居端，每个村配备了厕管员，其通过村居端手机应用软件上报报抽报修信息。村民也可通过拨打电话、微信扫码等多种方式，向厕管员提出抽厕或维修申请。

在作业端，作业人员第一时间响应中控端的服务指令，在接到数据服务中心调度作业任务后，及时前往作业。抽厕或维修完成后，作业人员通过作业端手机应用软件上传管护照片凭证，村居端厕管员将根据农户反馈、现场作业情况进行满意度评价。

三点一线式操作具备了村居端上报、快速回应、准确统计的系统性能特点，构建了常态化、科学化、智能化的新型管护模式，有效提高了管护效率、降低了管护成本。

（三）邳州水务智慧生产调度平台

近年来，随着国家对农村供水的日益重视和对农村基础设施建设的持续投入，农村供水工程得到了快速发展。农村供水生产调度管理直接关系到广大农村居民的供水安全与生活质量，农村供水受自然环境、地理条件等多重因素影响，具有用水需求多样、季节性明显等特点，因此农村供水生产调度需要更加精细化和科学化的管理，以确保农村供水的安全、稳定。

目前农村供水生产调度普遍面临着挑战和问题，如农村供水区域分散、设备分布较广，供水企业往往缺乏对供水全过程的有效监管；一些地区的农村供水生产调度管理仍然较为粗放，缺乏精细、科学、合理的调度策略，一方面难以适应农村用户需求的变化，另一方面传统的调度手段难以在做到"足量稳压"的同时兼顾节能降耗，供水生产调度的整体能耗和成本较高。上述问题制约了农村供水的安全保障与服务质量提升，传统生产调度管理模式亟待升级，很多供水企业在探索通过信息化、数字化方式实现科学调度管理的实施路径。其中，邳州水务有限责任公司（以下简称邳州水务）在生产调度数字化转型方面进行了一系列探索与实践，尽管主要服务于邳州城镇供水，但也使周边农村趸售水区域的供水状况获得了改善，为农村供水生产调度信息化管理提供了可借鉴的经验。

邳州水务办公楼

邳州，江苏省徐州市代管县级市，坐落于苏鲁交界处，是东陇海沿线和大运河沿岸的重要节点城市。邳州水务承担着邳州城镇供水及向周边农村趸售供水的任务，拥有张楼地表水厂一座，采用常规处理加臭氧生物活性炭深度处理工艺，设计总供水规模20万立方米/日，现建成一期10万立方米/日。2022年邳州水务着力打造智慧生产调度平台，逐步实现生产调度从传统人工经验管理向数字化科学调度转型，全面提升了生产调度管理工作效率与供水服务质量，保障了城镇与周边农村供水安全。

邳州水务智慧生产调度平台综合运用物联网、大数据、云计算等，实现了对供水系统的全面监控与科学调度。该平台通过在采集管网关键位置布设的压力和流量监测点，实时监测供水管网的运行状态和数据，可使调度管理人员及时感知并处理运行异常问题，确保供水服务的稳定可靠。与此同时，该平台围绕调度值班、水厂巡检等实际业务打造相应的功能模块，实现调度全业务流程的信息化支撑，大大提升了日常管理工作效率。

邳州水务智慧生产调度平台工作人员实时监测供水管网的运行状态和数据

在调度日常监控方面，邳州水务汇聚了原水取水、水厂制水、末梢压力、二次供水等关键环节的数据资源，形成了厂站网一体化的综合水情监控模式。在中控室内，调度管理人员可通过智慧生产调度平台实时掌握供水系统的运行状态，尤其对向周边农村供水的中山路监测点位的数据进行重点管控，基于实时数据形成快速而准确的调度决策，确保供水系统稳定运行。

在调度决策方面，邳州水务调度管理人员利用平台的数据分析工具，对供水系统的历史数据进行深入挖掘和分析，发现潜在的运行规律和趋势，制订合理的调度计划，并结合调度执行与反馈情况不断优化调度策略，形成调度决策管理的闭环。这提高了调度决策的科学性和准确性，降低了运行风险。

在厂站管理方面，邳州水务改变了传统人工纸质化的管理模式，调度管理人员通过平台制订值班计划，明确值班人员的职责和任务。在值班期间，值班人员监控并记录供水系统的运行情况及重要事件，并通过平台进行线上交接班，确保信息的高效传递。

在水厂巡检方面，邳州水务创新采用扫码巡检方式，针对各重要构筑物布置"一物一码"。巡检人员到达现场后使用生产调度App进行扫码并反馈巡检信息，针对异常情况及时上报与处置。这避免了传统人工纸质化的管理模式下巡检工作管控难、事件反馈不及时的问题，提升了巡检效率，保障了水厂的安全稳定运行。

随着智慧生产调度平台的深入应用，邳州水务逐步实现了以数据驱动的科学化调度管理模式，在此基础上，协同水务研发团队继续研究智能化调度的可行性。目前智能化调度的研究初见成效，邳州水务通过AI智能算法，预测未来24小时水量与水压需求，结合实时水量、预测需水量、末梢压力及农村趸售点压力形成实时调压预案，调度管理人员根据系统预案进行供水调压与控泵，持续优化调度策略，在保障供水安全稳定的同时，不断挖掘节能降耗空间。

综上所述，智慧生产调度平台的应用给邳州水务生产调度工作带来了显著变化，不仅提高了供水服务的品质和效率，也降低了运营成本和资源浪费。尽管邳州水务实践的数字化、科学化的生产调度管理模式和实施路径，主要针对邳州城镇，但也使周边农村趸售服务区域从中受益，为农村供水安全保障与效率提升提供了可参考的落地经验。未来，随着技术的不断进步和应用的不断深化，相信智慧生产调度平台的建设将继续为水务企业生产调度管理带来更多的创新和突破，为城镇及农村供水安全保驾护航。

二、农村安全饮水技术开发与应用

农村饮水安全是关系农民福祉和可持续发展的大事，面对农村地区饮水设施老化、水质不稳定等问题，技术开发与应用成为解决问题的关键。因此，从技术层面出发，开发和应用农村安全饮水技术，对保障农民的健康生活、促进农村经济的稳定发展具有重要意义。深入分析农村饮水安全问题的成因和现状，在此基础上研发出农村安全饮水技术，在保障农村饮水安全的同时，也可促进水资源的可持续利用。此外，创新是技术开发和应用的核心动力。在农村安全饮水技术的研发过程中，注重创新思维，不断推动技术的更新换代和升级。通过引进新技术、新材料和新工艺，不断提升农村安全饮水技术的性能和效率，为农村饮水安全提供坚实的技术支撑。

农村安全饮水技术的开发与应用是一项长期而艰巨的任务。中国水务注重技术的实用性和普及性，以高度的责任感和使命感，持续推进技术创新和应用推广，为农村地区提供更加安全、可靠、便捷的饮水服务，助力农村地区健康发展和乡村振兴。

（一）超滤+低压反渗透双膜技术开发与应用

超滤+低压反渗透双膜技术的开发与应用，能够保障农村饮用水的安全、稳定。随着工业化的快速发展，水源水普遍受到各种有机物的污染，这不仅对人体健康构成潜在威胁，也对水处理技术提出了更高的要求。传统的水处理工艺，如混凝、沉淀、过滤和消毒，虽然在一定程度上能够去除水中的杂质和微生物，但对小分子、溶解性的合成有机物等污染物的去除效果有限。超滤+低压反渗透双膜技术的开发与应用，是在水质净化需求不断提升和水处理技术持续创新的背景下应运而生的。超滤+低压反渗透双膜技术工艺相较于其他深度水处理工艺，具有更高的处理效率，产水水质更稳定。此外，近年来膜技术在饮用水处理中的应用逐渐成为水处理领域的热点，其被誉为"21世纪的水处理技术"。

烟台市西解水厂　自2014年以来，胶东地区持续干旱，导致烟台水务清泉有限公司（以下简称烟台清泉）水源地辛安河流域出现断流，正常供水受到威胁。为解决水源水量不足问题，烟台清泉本着优质供水、优质服务，服务好农村的目标，于2017年实施了西解水厂工程，面向农村地区供水。西解水厂占地2万平方米，设计日处理规模5万吨，以当地辛安河为水源，季节性使用客水，采用强化预处理加常规处理工艺，确保区域内农村用户的正常供水和水质达标。

由于烟台持续干旱，其对客水越来越依赖，受输水方式影响，部分水质指标波动明显。西解水厂采用的常规工艺难以有效应对客水水质超标和水源地水质恶化的情况。

为保障供水安全，烟台清泉开展了各类深度处理工艺的调研及中试工作，并以西解水厂现状为基础，有针对性地开展深度处理工艺创新研究。团队结合原水水质及常规工艺运行情况，制定了超滤+低压反渗透的深度处理工艺路线。该工艺采用膜分离技术（属绿色工艺物理分离法），其中超滤工段利用半透膜过滤水中杂质、胶体、细菌，降低出水浊度；反渗透工段则利用渗透压原理，截留大分子、盐类等，可有效保障出水水质稳定达标，改善饮用口感。工艺设计上，团队提出了常规工艺滤后水与深度处理出水按比例勾兑的创新方案，在解决客水溶解性盐类（硫酸盐、硝酸盐）季节性超标问题的同时，提升系统整体经济性。

2020年，在开展了工程可行性研究的基础上，烟台清泉积极推动创新成果转化，开工建设西解水厂深度处理项目。2022年12月，项目正式投产运行。得益于前期充分的基础研究和大量的探索试验，建成后的超滤+低压反渗透深度处理工艺装置能够应对多种原水，有效降低浊度，高效去除有机物、"两虫"、细菌病毒以及溶解性盐类等，在保障供水安全的同时，大幅提升了供水品质。

2023年，烟台清泉持续做好农村安全饮水技术开发与应用工作，又开展了水厂光伏发电技术应用工作。光伏发电装机容量约0.63兆瓦，系统采用"自发自用"的模式，通过在车间屋顶安装光伏板，将太阳能转化为电能，不仅可以降低水厂的能源成本，减少碳排放，还能为水厂运营提供稳定、可靠的电力能源保障。2024年3月底光伏发电系统安装完成并开始发电，西解水厂成为低碳节能水厂。

烟台清泉深度处理项目的实施，率先实现了烟台地区双膜工艺水厂、低碳节能水厂的运行，深化了深度处理产业链条，是行业内工艺先进、低碳节能的典范。西解水厂自建成向农村供水后，各方面指标稳定达标，出厂水合格率达到100%。该水厂自运行以来零事故，通过问卷调查、政府主管单位测定等方式得知，其用户满意度在98%以上。

（a）　　　　　　（b）　　　　　　（c）

西解水厂深度处理厂房外景

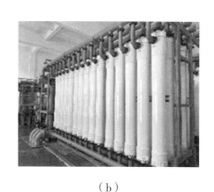

（a）　　　　　　　　　　　　（b）

西解水厂超滤＋反渗透工艺装置

烟台市战山二水厂　山东水务蓬莱华建水业有限公司战山二水厂负责整个蓬莱城区的供水，水源来自地方水库。2015年以来，蓬莱区受严重干旱影响，供水水源以客调黄河水和长江水为主，本地水补充为辅，每年按照客水分配指标"脉冲式"补充。这导致客水与本地水的比例经常变化，原水水质波动明显，时有硝酸盐浓度超标、高锰酸盐指数偏高现象，而水厂既有常规处理工艺对硝酸根等离子去除效果有限，存在供水安全隐患。

为进一步提高蓬莱城乡供水水质，战山二水厂水质深度处理项目于2021年推进实施，2023年12月进入试运行阶段。

战山二水厂原先采用水源—混凝沉淀—过滤—消毒的常规处理工艺。针对水厂原水水质，综合考虑工程投资、运行成本、管理维护等，对常规处理工艺展开论证并将之与深度处理方案进行比对，由此确定：为与常规处理系统形成配套，深度处理项目最终采用超滤+反渗透的双膜法工艺，其中超滤系统作为深度处理的主要工艺，反渗透系统作为应急措施的主要工艺。

战山二水厂水质深度处理装置

结合硝酸盐浓度超标的问题，从基础设施适当超前以及经济合理性的角度考虑，按照保证率95%［水厂最大出水硝酸盐浓度低于9.5毫克/升，《生活饮用水卫生标准（GB 5749—2022）》硝酸盐离子最大出水浓度允许值10毫克/升］，超滤系统产水率不低于93%，反渗透系统产水率不低于75%的设计指标，确定深度处理规模为1.8万吨/日，超滤产水规模约1.67万吨/日，低压反渗透系统净产水规模约1.25万吨/日。运行中，当原水硝酸盐离子≤10毫克/升时，深度处理单元仅运行超滤系统，此时常规处理单元增产；应急状况下，原水硝酸盐离子>10毫克/升时，部分或全部超滤产水进入反渗透系统被进一步处理。

通过双膜法处理的水与经过常规处理的水混合，出水水质全面达到《生活饮用水卫生标准（GB 5749—2022）》的要求，由此有效解决了蓬莱水质季节性超标问题，保证了当地居民的饮水安全。

（二）连续磁性离子交换水处理技术研发与应用

水源地有机物污染作为消毒副产物前体主要来源，使制水环节中消毒副产物生成风险大幅升高，对供水安全形成巨大挑战。连续磁性离子交换水处理技术（Continuous Magnetic Ion Exchange Technique，CMIET）是中国水务独有的一项饮用水深度处理技术，其核心是利用高磁性净水专用交换树脂，去除水中溶解性有机碳和无机污染物（硫酸盐、硝酸盐等），以有效控制消毒副产物生成，保障供水安全。

在依托大型水厂开展CMIET的应用研究及创新转化过程中，中国水务对工艺核心技术、关键环节不断进行优化及再创新：为解决系统运行过程中树脂流失导致的运行成本过高问题，设计研发磁性树脂捕捉器，大幅降低了树脂日平均流失率，并形成了多项专利技术；为摸清CMIET技术的独特优势，以淮安自来水有限公司北京路水厂深度处理项目为依托，开展了为期3年的CMIET技术经济性研究及水处理效果跟踪研究；为推动CMIET技术的标准化设计和运维管理，中国水务牵头编制了团体标准《连续磁性阴离子交换水处理技术规范（T/CHES 91—2023）》及《连续磁性离子交换水处理工艺（CMIET）运行与维护手册》。目前该技术运行可靠，出水水质稳定达标，特别是在对消毒副产物控制方面，效果优于同类技术。

在供水安全得到保障的前提下，中国水务进一步围绕提升经济效益、环境效益和社会效益开展CMIET重难点技术攻关及创新突破。

磁性离子交换树脂是CMIET的关键核心，此前一直依赖于进口采购，严重制约了该技术的成本控制。树脂捕捉器的研发应用，虽已将树脂流失率控制在可接受范围，但采购价格高昂、运输时效性强等因素，依然阻碍着该技术的经济高效运行，也制约着该技术的本土化转化。为解决进口树脂费用高、跨境采购不确定性大等问题，中国水务联合中国矿业大学（徐州）、淮安自来水有限公司、北京中澳澳凯水处理技术设备有限公司开展了磁性离子交换树脂自主研发工作。研发工作历时近两年，先后攻克了磁性材料改性制备的技术难关；实现了全部原材料国产化，彻底解决了核心材料"卡脖子"问题；缓解了磁性树脂沉降速度快、粒径不均、磁场丧失快等关键问题。在实验室小试、实验室中试、生产性中试取得成功后，自主研发树脂进入批量生产阶段。经中试规模应用测试，自主研发树脂的性能和处理效果同进口树脂相当，个别指标优于进口树脂，最终形成满足系统运行要求的树脂配方，这意味着从根本上打破了进口磁性树脂的技术壁垒，实现了进口树脂的国产化替代。

CMIET唯一的产污环节为树脂再生环节，其间产生废浓盐水，而该类废水的处理一直以来是水处理领域的技术难点，纵观国内外应用案例，均采用稀释外排的方式。这并不能真正减少污染物排放总量，不仅造成水及盐的资源浪费，还存在一定的环保风险，会增加环境中污染物的负荷。为此，中国水务通过对废水组分、电导率等的测定分析，经一系列中试实验，创新性设计了"臭氧诱导＋双膜法＋AO"的再生废液处理及资源化利用装置，完善了CMIET工艺链条。这在满足系统尾水实现达标排放的同时，可实现盐的回收利用，进一步推动CMIET向绿色、环保、低碳方向发展。

近年来，在市场推广及调研中发现：高植被覆盖率山区水库水具有腐殖酸含量高的特点，通常会引起色度超标，而常规工艺难以解决该类问题，CMIET则具有对腐殖酸去除率高的技术优势；农村部分地区用水户分散且规模小，集中供水管网敷设难度大且成本高，CMIET处理效率高，可利用小型装置实现分散水源的深度处理。

为积极践行水利部《关于加快推动农村供水高质量发展的指导意见》，助力农村地区建立健全从水源到水龙头的全链条全过程农村饮水安全保障体系，中国水务选取典型地区进行现场实验，在参考利用大型水厂运行管理经验及创新成果转化的基础上，充分发挥CMIET处理效率高、占地面积小、工艺设计灵活等优势，创新性设计研发了基于CMIET的小型一体化装置。通过CMIET与传统混凝沉淀工艺、陶瓷膜工艺等的有效结合，有针对性地解决高植被覆盖率山区水库水由腐殖酸引起的色度超标问题，以及传统农村分散式供水设备运输不便、管理维护难、场地受限、处理效率低等痛点。目前，这种小型一体化装置已在重庆山区、陕南山区以及浙江农村地区进行推广及试点应用。中国水务通过多年的积极探索和应用创新，正在用其独有的处理效果优、经济性好、环境友好度高、资源集约利用强的饮用水深度处理技术——CMIET，为我国农村饮用水安全保障及饮用水品质提升提供中国水务解决方案，为我国饮用水深度处理工艺提供多样化选择。

（三）臭氧活性炭水质深度处理工艺应用

滨州市南海、北海水厂 滨州市地处黄河下游，黄河水是滨州南海水务、北海水务唯一的引水水源，二者受黄河水水质影响较大。虽原水水质总体较好，但浑浊度居高不下，pH逐年升高，总氮和有机物超标，出厂水总硬度高，口感不佳。根据水厂日检数据分析，每年5—10月，受pH、水温、浑浊度、悬浮物、COD（化学需氧量）、藻类等综合因素影响，原有的"混凝—沉淀—过滤—消毒"常规水处理工艺难以满足要求。为保障水质合格率，絮凝剂和消毒剂的投加量增加，这不仅使水处理成本增加，而且使出水味道变差，水中金属离子浓度升高，不利于居民的身体健康。为满足居民对高质量生活的需求，进一步保障供水安全，提升水质合格率，滨州南海水务、北海水务同时于2022年9月开始实施自来水深度处理工艺改造工程，2023年9月项目完成投入试运行。

在水厂的既有经济和技术条件下，综合考虑项目投资、管理维护等，结合黄河水特性，通过对多种自来水深度处理工艺的选择对比，最终滨州南海水务、北海水务都选定在常规水处理工艺的基础上，增加臭氧活性炭处理工艺对自来水进行深度处理。但由于两家水厂在厂区规划上存在差异，同样的深度处理工艺却采用了不同的水处理构筑物。滨州北海水务采用常规的混凝土结构形式，而滨州南海水务创新采用了不锈钢罐体的水处理构筑物结构形式，在投资没有加大的情况下减少了占地，节约了空间。

臭氧活性炭深度处理工艺，集臭氧氧化、消毒、生物降解、活性炭吸附于一体。活性炭具有发达的孔隙结构和巨大的比表面积，具有很强的吸附能力，在净水过程中能有效地吸附水中溶解性的有机物，对用生物法及其他方法难以去除的有机物都有较好的去除效果。活性炭还具有催化作用，催化氧化臭氧为羟基自由基最终生成氧气，增加水中溶解氧的浓度。臭氧具有极强的氧化能力，可有效去除水中的酚、氰、硫、铁、锰，并能脱色、除嗅味、杀藻，以及杀菌、消除病毒等；未参与反应的剩余臭氧经活性炭的催化作用分解为氧气，不产生二次污染，又可增加水中的溶解氧，使生物活性炭滤池有充足的溶解氧，因此促使好氧微生物在活性炭上繁殖，使活性炭的生物作用显著增强，去除有机物的期限大大延长。臭氧氧化也是减少溴酸化合物形成的有效方法，加强了活性炭对溴酸化合物的高效去除作用。由于臭氧的强氧化性，在利用其去除其他水处理工艺所难以去除水中物质的同时，可以减小反应设备或构筑物的体积；臭氧氧化还有助于絮凝，改善沉淀效果。因此，臭氧氧化技术得到迅速发展，已成为水处理的重要手段之一。

滨州南海水务深度处理工艺改造是在水厂既有常规处理工艺的基础上进行的，新建提升泵站、臭氧制备间各1座，新增臭氧活性炭吸附罐8个、气水分离罐1个、臭氧消毒设备2套。臭氧活性炭吸附罐、气水分离罐都采用不锈钢板现场制作而成，在水处理过程中起到了活性炭吸附滤池的作用，相比常规的混凝土构筑物，减少了占地，增加了空间利用率。

滨州南海水务深度处理工艺设计日处理水量5万吨，臭氧由生产率为5千克/时的氧气源臭氧发生器现场制作，其通过管道混合器与预处理净水混合，再通过PE管道输送至气水分离罐。在PE管道输送过程中，臭氧同预处理净水充分混合，在水中进行氧化、杀菌等化学反应；在到达气水分离罐后，不溶于水的臭氧与水体分离，回收装置把臭氧回收分解后排放至大气中，避免臭氧对环境及人体产生危害。经气水分离后的预处理水进入臭氧活性炭吸附罐，通过吸附罐中活性炭滤料的吸附过滤达到净水状态。

滨州北海水务深度处理工艺改造是在水厂既有常规处理工艺的基础上进行升级优化，新建提升泵站、臭氧接触池、臭氧制备间、臭氧活性炭吸附滤池各1座，新增臭氧消毒设备2套。水处理构筑物采用常规混凝土结构，技术成熟，管理维护方便。

滨州北海水务深度处理工艺设计日处理水量3万吨，臭氧由生产率为3千克/时的空气源臭氧发生器现场制作，其通过投加系统在臭氧接触池中与预处理净水混合接触，进行氧化、杀菌等化学反应。不溶于水的臭氧通过接触池顶部的回收装置被回收处理。经过臭氧氧化、杀菌的预处理净水，通过管道输送至臭氧活性炭吸附滤池进行活性炭滤料的吸附过滤以达到净水状态。

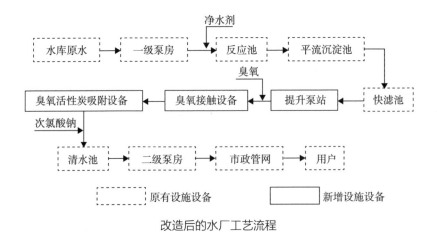

改造后的水厂工艺流程

滨州南海水务、北海水务自来水深度处理项目投入运行后，出厂水水质得到进一步提升，臭氧活性炭工艺杀菌除藻、吸附异味效果良好，对水体浑浊度、色度等的改善有了极大的提升，滤后消毒剂消耗也有不同程度的降低。

滨州南海水务自来水深度处理项目臭氧活性炭吸附罐、气水分离罐

滨州北海水务自来水深度处理项目臭氧活性炭吸附滤池

三、农村供水装备

（一）荣成水务滤清泉（短流程）纳滤净水机

滤清泉（短流程）纳滤净水机是荣成水务创新开发的新一代纳滤净水机，采用短流程预处理+中空纤维纳滤膜工艺，可以有效去除水中的泥沙等悬浮物及藻类等污染物，又可以去除水中的抗生素、微塑料和杀虫剂等微污染物以及细菌、病毒、土臭素和部分离子等。这种净水机对《生活饮用水卫生标准（GB 5749—2022）》中提到的相关污染物质有良好的去除效果，同时可以保留对人体有益的离子，提供高品质健康饮用水。

滤清泉（短流程）纳滤净水机具有以下优势：一是出水水质稳定可靠。滤清泉（短流程）纳滤净水机以短流程中空纤维纳滤膜工艺处理地表水，可以有效降低色度、浊度，有效去除高价离子和溶解性有机物，包括微污染物。根据水质的不同，COD的截留率为50%~80%。二是成本低，占地面积小。滤清泉（短流程）纳滤净水机对进水水质要求宽泛：进水允许最高悬浮固体总量（total suspended solids，TSS）为300ppm，最高浊度为150NTU，最大颗粒粒径为150μm，可以直接使用自然水体作为系统进水，不需要超滤或砂滤做预处理。这种净水机预处理工艺简单，无须投加混凝剂，不产生污泥，既节省药剂成本、人工成本和污泥处理成本，又绿色低碳、减少环境污染。不需要预处理系统也节省了占地面积和投资、运行成本。三是低压运行，节能环保。滤清泉（短流程）纳滤净水机使用的中空纤维纳滤膜结合了常规中空纤维超滤膜与卷式纳滤膜的特点与优势，可以在较低的压力（0.3~0.4MPa）驱动下运行，相较于常规纳滤1MPa的运行压力，降低

60%及以上，具有运行成本低、耐污染性强、回收率高、更换成本低等优势。四是集成化设备、智能化控制，满足用户多种需求。滤清泉（短流程）纳滤净水机在水处理过程中无须使用混凝药剂、不用脱泥、无人值守，可实现远程控制、一键启停等操作，也可由云端平台进行多台控制，极大地节省了人力运行成本，较常规水厂人工运行成本节约80%以上。

滤清泉（短流程）纳滤净水机适宜应用于分散式供水场景，如管网敷设困难、集中供水难度大的偏远山区和广大农村，同时十分适合应用于其他供水场景，如高品质自来水、社区直饮水、小型工业企业园区饮用水、应急保障供水项目等，也可以应用于城镇自来水厂进行深度处理，解决部分离子超标等痛点难点问题。

滤清泉（短流程）纳滤净水机实现了"短流程""集约型""模块化""产品化"的设计特点，可以快速满足应急供水、偏远地区供水需求。在保证出水水质和水量稳定达标的同时，降低投资成本以及包括人工成本、运行电费成本、药品成本在内的用水成本，并节省占地面积，是小规模净水行业未来的发展趋势。

（二）钱江水利农村分散式高品质净水系统

农村供水工程作为农村重要的公共基础设施建设项目，既是我国实施的新农村建设和乡村振兴战略的关键环节、城乡基本公共服务均等化的主要内容，更是共同富裕的基本保障和表现。党中央、国务院历来高度重视农村供水工作，特别是2000年以来，国家实施了一系列农村供水工程建设，到2022年底，建成了较为完整的农村供水工程体系，全国农村自来水普及率达到87%，规模化供水工程（城乡一体化供水工程和千吨万人供水工程）覆盖农村人口的比例达到56%，运行机制改革取得突破性进展，农村供水保障水平进一步提升。然而，我国农村自然地理、水资源条件复杂，区域差异性大。目前农村供水工程建设与管理中仍存在工程建设标准整体偏低、水质保障程度不高、工程可持续性较差等问题，农村供水水质水量保障水平亟须进一步提升。

目前，我国农村饮用水工程在建设和维护方面取得了一定的成就，但仍面临着水源难以保障、水量水压不足、水质保障率低、管理维护难度大等问题。解决这些问题，需要政府加大投入，优化政策，加强技术支持和管理，提高饮用水质量和水资源利用效率。同时，需要政府通过技术手段和制度设计等，加强监督和管理，确保农村居民能够享受到高质量、可靠的饮用水服务。

根据《中共中央　国务院关于全面推进乡村振兴加快农业农村现代化的意见》要求，到2025年农村自来水普及率达到88%。根据《"十四五"巩固农村供水脱贫攻坚成果工作方案》要求，到2025年，规模化供水工程服务农村人口的比例达到55%，常年饮用水为窖水、柜水的农村人口数量明显减少，工程管理水平持续提升，农村供水对乡村振兴的支撑保障作用更加坚实。

近年来，钱江水利参与了衢州市开化县、杭州市富阳区、金华市婺城区等地多个农村给水项目的建设和运营，在农村供水方面积累了一定的经验和教训。根据农村饮用水现状特点，钱江水利以陶瓷膜工艺作为净水技术，积极探索一种运行管理简便的农村分散式高品质净水系统。

农村分散式水源以山塘、溪沟等地表水为主，水质受气候、降水、上游作业等多种因素的影响而骤升骤降，这就要求现场根据实际水质改变药剂种类、投加量、沉淀负荷、过滤时间等运行参数。这对现场操作人员的专业技术提出了更高的要求。对于一些水质较差的地方，前段还需增加气浮除藻工艺，后续需增加臭氧活性炭或超滤膜工艺，其运行管理极其复杂。

农村分散式高品质净水系统是一种把陶瓷膜工艺应用于村镇一体化净水设备的净水系统，其将絮凝与纳米级陶瓷膜过滤集于一体，采用短流程净水工艺絮凝后直接过滤，无过多的水处理环节，能够有效解决农村分散式净水水质不稳定的问题，具有高通量、污堵慢、流程短、占地少、运行可靠、出水水质好、整体运行管理方便、操作可靠、全生命周期绿色的特点。

耐氧化的陶瓷超滤膜，可确保水体中的胶体颗粒和大分子有机物被有效过滤去除；"微错流＋臭氧"的形式，以空气为原料，现场制取高纯臭氧，将水体中的有毒有害物质彻底氧化。同时臭氧微在膜表面形成微气泡清洗，实现清洗与消毒同步，无须维护性清洗；高效集成的设备将过滤罐和陶瓷膜集成一体化，采用立式圆柱形结构，占地空间小，处理效率高。

农村分散式高品质净水系统因采用了纳米级别的陶瓷过滤孔径，过滤出水水质优于传统净水工艺。絮凝与陶瓷膜过滤一体，原水在熟化的泥饼层内充分接触，进一步提升了系统的抗冲击性能。泥饼层的截留作用使絮凝剂使用效率大幅提升，同时臭氧预氧化技术使得水中生物被灭活以及部分有机物被氧化、脱稳，两者共同作用，有效减少药剂使用量。短流程净水工艺的采用使絮凝后出水被直接过滤，无过多的水处理环节，且净水系统所使用的臭氧原料直接来源于空气，因此净水系统操作简单，可交由当地村民进行日常维护，专业的技术维护由专业公司定期巡检和远程监控即可。

目前，钱江水利开展了两套装置的研究与开发。其中，5吨/时的陶瓷膜试验设备在金华市汤溪水厂完成试验工作及相关数据研究。数据显示，该设备的出水浊度、高锰酸钾指标、铁锰指标均远低于国家标准；"微错流＋臭氧"作为预处理手段，有效提升了抗污染性能，延长了过滤周期，降低了膜运行电耗、药耗，提高了化学清洗药剂的回收率。10吨/时的陶瓷膜试验设备已在金华市西畈水厂内完成安装与调试，并且有关数据跟踪与研究工作在逐步开展。

农村高品质分散式净水系统水处理装置，采用"臭氧—陶瓷膜"为核心的短流程净水工艺，解决了农村分散式净水水质不稳定的问题，为农村地区提供了一种高效、稳定的水处理技术，为农村供水问题的解决提供了新的思路和方法。目前，该装置已初步产品化，未来将对其进一步深化研究，以应对农村复杂多变的水源条件；以现有成果为基础，完善产品的标准化和集成化开发，逐步完成规模化产品落地建设。

5吨/时试验设备现场　　　　　　　10吨/时试验设备现场

四、农村水质检测

浙江钱水检测科技有限公司（简称钱水检测）系丽水供排水子公

司，拥有检验检测机构资质认定证书，具备涵盖生活饮用水、水和废水、土壤和沉积物、城市污水、城市污泥、环境空气和废气、噪声、复合碳源、室内空气污染物、水处理剂等检验检测对象的1239项检验检测资质能力。

近年来，丽水供排水参与丽水市乡镇农村饮用水"达标提标"工作，在农村饮用水工程建设、净水和消毒设备选型、工艺运行、水质检测、农村饮用水地方标准制定等方面提供技术支持，从2019年起承担丽水市农村饮用水水质督查工作，督查过丽水市5000多个农村供水点中的2000余个点位。

（一）丽水农村水质检测的主要做法

首先，科学制订水质检测计划。农村水质检测工作要想有序进行，就应根据当地实际情况，科学制订检测计划。检测计划应包括检测项目、检测方法、检测频率等内容，以确保检测结果的准确性和可靠性。此外，检测计划应根据不同季节、不同水源地的特点作出调整，以适应农村水质变化的需要。丽水供排水每月/每半年对丽水市多家城镇供水厂水源水、出厂水、管网末梢水43项常规项目/97项项目开展水质检测，每月对9个县（市）区开展农饮水9项检测。2023年完成生活饮用水水质常规项目43项，检测1300多份水样；完成水源水基本项目、补充项目和部分特定项目37项，检测500多份水样；完成生活饮用水项目97项，检测150份水样；完成地表水项目109项，检测81份水样；完成农饮水项目9项，检测5000多份水样。

其次，加强水质检测队伍建设。农村水质检测工作离不开专业人员的参与。因此，要加强对水质检测队伍的建设，提高检测人员的业务水平和技能素质。可以通过培训、考核等方式，提高检测人员的专业知识水平和实践能力，确保他们能够胜任水质检测工作。同时，还要加强对检测人员的管理和监督，确保他们在工作中严格遵守操作规程，保证检测结果的客观公正。2023年，丽水供排水总计完成检测人员培训22次，总计参培216人次，其中内培121人次，外培取证95人次。

再次，加大科研投入，推动水质检测技术的发展。随着科技的进步，水质检测技术也在不断发展和完善。农村水质检测工作应紧跟科技发展的步伐，加大科研投入，引进先进的水质检测设备和技术，提高水质检测的效率和准确性。同时，还要加强对水质检测知识的宣传和普及，让更多的农民了解水质检测的重要性，提高他们的环保意识。丽水供排水先后开展了利用数字成像和图片识别技术软件检测水中游离氯含量的研究、便携式水质检测笔的研发、多参数水质分析方法及其设备的研发等12个课题的科研工作。通过自主研发获得溶液浓度检测算法软件、溶液浓度检测操作系统等计算机软件著作权4个，获得水质检测用试剂箱、便携式水质检测笔等实用新型专利6个。"饮用水余氯溶液识别系统"项目在绿色产业创新创业大赛中脱颖而出，荣获最高分。

最后，建立健全水质检测信息公开制度。水质检测结果对农民来说具有重要的参考价值。因此，要建立健全水质检测信息公开制度，定期公布水质检测结果，让农民了解自己所在地区的水质状况。同时，还要加强对水质检测信息的解读和分析，为农民提供科学的用水建议，引导他们合理利用水资源、保护水环境。

（二）丽水农村水质检测取得的成效

首先，农村水质检测工作的开展，提高了农民对水质安全的认识。

在过去，许多农民对水质问题缺乏足够的了解，甚至存在饮用不洁水源的现象。然而，随着农村水质检测工作的深入推进，农民逐渐认识到了水质安全的重要性。他们开始关注水质检测结果，选择安全可靠的饮用水源，从而提高了自身的生活质量。

其次，农村水质检测工作的成果，为政府部门制定政策提供了科学依据。政府部门通过对农村水质进行全面检测，可以了解到各地水质状况的差异，从而制定针对性的政策措施。例如，对于水质较差的地区，政府可以加大投入，改善供水设施，提高供水质量；对于水质较好的地区，政府可以加强水源保护，确保水质持续优良。这些政策措施的实施，有力地保障了农民的用水需求。

最后，农村水质检测工作的成果，为农业生产提供了有力支持。农业生产过程中，农药、化肥等物质的使用不可避免地会对水源造成污染。因此，只有确保水质安全，才能保证农作物的生长环境安全。开展农村水质检测工作，有助于发现农业生产中的水质问题，指导农民采取科学的施肥、用药方法，降低水源受污染程度。这不仅有利于保障农民的收入水平，还有助于实现农业可持续发展。

（三）丽水农村水质检测的经验启示

首先，了解农村水质检测的重要性。水质检测是衡量一个地区水资源质量的重要手段，对保障农民饮水安全、农业生产和生态环境具有重要意义。开展水质检测，可以了解农村水源的受污染程度，从而采取相应的措施进行治理，保障农民生活和农业生产的正常进行。

其次，掌握农村水质检测的方法。目前，农村水质检测主要采用两种方法：现场采样和实验室分析。现场采样是指在水源地或受污染区域采集水样，然后将水样送至实验室进行分析。这种方法直观、快捷，能够及时发现水质问题。实验室分析则是指对水样的化学成分、微生物含量等进行测定，根据测定结果来判断水质的好坏。这种方法精确度高，但需要一定的时间和设备支持。

再次，关注农村水质检测的难点。农村地区的地理环境复杂，水源地多样，给水质检测带来了很大的困难。此外，农村地区的基础设施建设相对落后，水质检测设备的购置和维护也面临一定的压力。因此，需要加大投入，提高农村水质检测的能力。

最后，思考改进农村水质检测的方法。一方面，可以借鉴城市水质检测的经验，引进先进的检测技术和设备，提高农村水质检测的效率和准确性；另一方面，可以通过加强宣传教育，提高农民的环保意识，让他们自觉参与到水质检测中来，共同保护家乡的水环境。

（四）丽水农村水质检测的发展愿景

首先，提高农村水质检测的准确性和可靠性。在过去的一段时间里，农村水质检测虽然取得了一定的成果，但仍然存在许多问题，如检测方法不完善、设备落后等。因此，需要加大科研投入，引进先进的检测技术和设备，提高检测人员的素质和能力，确保农村水质检测的准确性和可靠性。

其次，建立完善的农村水质监测体系。水质监测不仅仅是对水体的物理、化学和生物特性进行检测，还包括对水质信息的收集、整理、分析和评价。因此，需要建立一个科学、规范的水质监测体系，包括监测网络的建设、监测数据的收集和处理、监测结果的发布等环节，以便为农村水质管理提供有力的支持。

最后，推动农村水质管理的科学化、规范化和信息化。水质管理不仅仅是对水质状况进行监控和调控，还包括对水质问题的预防和治理。因此，需要加强农村水质管理的科学研究，制定科学的水质标准和政策，推动水质管理的规范化和制度化。同时，需要利用现代信息技术手段，将水质信息与大数据、云计算等相结合，实现水质管理的信息化和智能化。

启示篇
"七个坚持"深入推进新时代城乡水务一体化高质量发展

水是生存之本、生产之要、生态之基。在革命、建设、改革的各个历史时期，中国共产党领导下的水利事业始终坚持以人民为中心，始终以服务保障国民经济和社会发展为使命，不断优化调整治水方针思路和主要任务，革故鼎新、攻坚克难，以治水成效支撑了中华民族从站起来、富起来到强起来的历史性飞跃。党的十八大以来，习近平总书记站在实现中华民族永续发展的战略高度，亲自谋划、亲自部署、亲自推动治水事业，就治水工作发表了一系列重要讲话、作出了一系列重要指示批示，开创性地提出了"节水优先、空间均衡、系统治理、两手发力"的治水思路，形成了科学严谨、逻辑严密、系统完备的理论体系，系统回答了新时代为什么做好治水工作、做好什么样的治水工作、怎样做好治水工作等一系列重大理论和实践问题，为推进新时代治水提供了强大思想武器。

中国水务深入贯彻落实习近平新时代中国特色社会主义思想，坚决贯彻落实习近平总书记关于治水的重要论述和重要指示批示精神，深刻把握"推动高质量发展是我们当前和今后一个时期确定发展思路、制定经济政策、实施宏观调控的根本要求"[1]，充分发挥水利部政策优势和中国电建"投建营"全产业链一体化发展优势，紧紧围绕做强做优做大国有资本和国有企业的总目标，坚持党对国资央企的全面领导的总原则，积极服务国家战略的总要求，坚定不移落实"锚定一个目标，聚焦水务主业，培育环保新兴业务，强化四驱联动，夯实五大支撑，提升八大关键能力"总战略，强化农村供水"3+1"标准化建设、数字孪生农村供水工程建设，着力提高企

---

[1] 《习近平著作选读》第2卷，人民出版社2023年版，第68页。

业核心竞争力、增强企业核心功能，积极发挥科技创新、产业控制、安全支撑作用，扎实履行中央企业政治责任、经济责任、社会责任，在困境中奋起，在探索中前行，在改革中发展，在市场地位、盈利能力、专业能力、技术积淀、服务品质、品牌影响力等方面持续取得领先地位，走出了一条具有中国水务特色的改革发展之路。

回望发展之路，体悟腾飞成绩，中国水务改革发展的经验弥足珍贵。新征程上中国水务必须坚持党的领导、必须坚持人民至上、必须坚持服务大局、必须坚持文化塑魂、必须坚持人才强企、必须坚持改革创新、必须坚持数字赋能，凝心聚力谱写企业高质量发展新篇章，为以中国式现代化全面推进强国建设、民族复兴伟业提供坚强有力的水安全保障。

第十一章
必须坚持党的领导

办好中国的事情，关键在党；发展壮大国有企业，关键在党的建设。坚持党的领导，加强党的建设，是国有企业的"根"和"魂"，是国有企业的光荣传统和独特优势。水务行业是支持经济和社会发展、保障生产生活的基础性行业，是党和国家事业发展大局的重要组成部分。只有在中国共产党领导下，才能找到符合国情水情的治水兴水强水道路，确保水务工作始终沿着正确方向前进。中国水务在自身发展历程中，传承"听党话跟党走"红色基因，永葆与党同呼吸、共命运的政治本色，强水为党、强水报国，努力走出一条具有中国水务特色的国有企业发展之路。

一、围绕贯彻习近平新时代中国特色社会主义思想这个主线，在方向引领上深度融入

中国水务牢牢把握"学思想、强党性、重实践、建新功"总要求，坚持学懂弄通做实习近平新时代中国特色社会主义思想，始终以党的创新理论成果武装头脑、指导实践和推动工作。

一是坚持深入学习贯彻"最新篇章"。学深悟透党的创新理论，做到深学深信、常学常新，使之转化为坚定的政治信仰、执着的精神追

求，转化为科学的世界观、人生观、价值观和方法论，真正成为我们掌握和运用的思想武器。对高举习近平新时代中国特色社会主义思想伟大旗帜，思想上深信不疑，行动上矢志不移，确保水务工作始终沿着习近平总书记指引的方向前进，努力向历史、向人民交出新的更加优异的水务答卷。

二是坚持深入学习贯彻"国企篇章"。贯彻落实习近平总书记关于国有企业改革发展和党的建设的系列重要论述精神，围绕"为什么要做强做优做大国有企业、怎样做强做优做大国有企业"这个重大时代命题，在真作为中担使命，在找差距中补短板，在抓落实中见成效，着力壮大国有资产规模，不断做强做优做大国有水务企业，不断增强国有经济活力、控制力、影响力、抗风险能力，在推动经济社会发展、保障和改善民生等方面发挥不可替代的重要作用。

三是坚持深入学习贯彻"水务篇章"。全面贯彻落实习近平总书记关于治水的重要论述精神，坚持治水安邦、兴水利民，牢牢守住"安全是水务行业的生命线"，进一步增强使命感、责任感、紧迫感，统筹发展和安全两件大事，深刻认识我国社会主要矛盾变化带来的新特征新要求，深刻认识新时代新征程治水肩负的新使命新任务，增强风险意识、底线意识、忧患意识，树牢底线思维、极限思维，全面提升防范化解水安全风险的能力和水平，用最严要求、最高标准、最强力量、最实作风，加快推动建设一流水务企业。

二、围绕坚持党的领导融入公司治理体系这个原则，在体制机制上深度融入

坚持党的领导是国有企业的"根"和"魂"，完善公司治理结构是

国有企业的"形"和"神"。中国水务始终严格按照中国特色现代企业制度要求，进一步厘清党委、董事会、经理层等不同治理主体之间的关系，充分发挥"三会一层"的实质性作用，实现公司治理效能的最大化。

一是坚持党的领导与公司治理相统一。坚持党对国有企业的领导是重大政治原则，必须一以贯之；国有企业建立现代企业制度，也必须一以贯之。坚持和加强党的全面领导是中国水务健康发展的根本政治保障。通过把党组织内嵌到公司治理结构之中，形成各有侧重、各司其职、互相促进、相互协调的决策、执行与监督运行机制，实现"把方向、管大局、保落实"与"谋经营、抓落实、强管理"的有机统一。

二是坚持党的建设与业务发展相统一。党建工作和业务工作的目标一致、方向一致，党建工作是抓好发展的支撑和保证，发展是抓好党建工作的依托和检验。公司党委注重发挥党组织总揽全局、协调各方的优势，发挥党组织把关定向、政治保障的作用，推进党建引领与发展战略、组织路线与管理运行、党建考核与绩效考核的协调统一，把党建"软实力"转化为生产经营"硬支撑"，全面提升企业经营管理水平。

三是坚持党务工作与行政工作相统一。党务工作是党的建设中的一系列具体的党内管理，行政工作是企业生产经营等业务的执行管理。党务工作、行政工作只是分工不同，工作方向、目标是一致的，都是为了党的事业和企业发展。公司牢固树立"抓好党建是最大的政绩"的理念，行政干部做到主动尽责，抓好党建不缺位；党务干部强化融合意识，抓党建从业务出发，做到工作到位不越位。

三、围绕夯实基层党组织这个堡垒，在贯彻执行上深度融入

中国水务继承发扬"支部建在连上"的优良传统，牢固树立大抓基层的鲜明导向，重心放到基层、功夫下到基层、资源用到基层，以提升党建质量为重点，以深入实施"双引双建"党建工程为抓手，严密组织、建强队伍、健全制度，推动基层党组织全面进步、全面过硬，把基层党组织建设成为坚强战斗堡垒，铸牢国有企业的"根"和"魂"。

一是坚持把示范引导抓起来，提升基层党建整体质效。按照"突出政治功能为根本点，突出主体功能为基本点，突出发展功能为着力点"的工作思路，选树培育"初心铸五核 碧水创标杆""小水滴 全服务"等基层党建品牌，分类分层分级推进，推动形成党建品牌全域创建的浓厚氛围。各基层党组织突出政治性、特色性、精准性，积极拓宽"党建+"工作内容和融合模式，深化示范创建，公司以上率下、以下促上、以点带面、以党员带群众、以党建促发展的"大党建"工作格局不断完善，基层党建工作实效不断夯实。

二是坚持把建优体系嵌进来，夯实党的建设四梁八柱。修订公司"三重一大"决策事项与决策程序清单、党委议事规则及事项清单等，指导下属单位完成党建入章程工作。以制度"废立改"工作为切入口，制定、修订党建工作制度40余项，制度体系不断完善。建立生产经营工作与党建工作"双责任"体系，积极推动纪委持续深化纪检监察体制改革，建立巡察、纪检、财务、审计等大监督格局，逐步实现对企业经营管理全方位、全过程监督。

三是坚持把建强基层落下去，构筑基层党建新优势。加强对基

层党组织换届改选工作的指导，公司所有基层党组织做到"应建必建""应换尽换"。设立营业所党支部、重大项目临时党支部、工程联合党小组，坚持把党组织建到经营网点、工程项目、服务窗口各条线。持续深化党支部标准化规范化建设，各基层党支部坚持围绕供水安全、污水处理、客户服务、科技创新等中心工作，创新"党建+"工作方式，全方位提升党支部落实基本工作、完成重大任务的能力，服务发展更加精准高效。广大党员在完成急难险重任务、落实提质增效等各项工作中主动担当，党员先锋模范作用更加突出，各级党组织政治功能和组织功能进一步发挥。

四、围绕打造高素质专业化干部人才队伍这个关键，在提升活力上深度融入

按照新时代好干部五条标准和国有企业领导人员20字要求，中国水务坚持党管干部、党管人才和发挥市场机制作用相结合，着力培养讲政治、懂经营、会管理的新型干部人才队伍，打造一支堪当时代重任的水务铁军。

一是始终坚持党管干部原则，锻造领导班子凝聚力。公司党委认真贯彻落实选人用人主体责任，注重德才兼备，坚持民主集中制原则，严格按照制度要求履行干部选拔任用程序，坚持做到"凡提四必"，并在实践中不断完善干部选拔任用各项工作流程；推动加强干部管理，坚持做好档案专审、领导人员出国境审批等干部管理工作；坚持日常监督严的总基调不能变、坚持批评和自我批评常态化不能变、坚持自我革命常态化不能变，形成干事创业的强大共识和促进发展的强大动力。

二是持续加大干部交流任职力度，锻造党员干部执行力。强化"一

个党员就是一面旗帜"的使命感，坚决做党和国家最可信赖的骨干力量。健全完善良好的干部交流任职机制和通道，鼓励领导干部在不同岗位、不同公司、不同地区交流任职，特别是在基层一线和重大项目中蹲苗壮骨，促进能力素质快速提升，锻造一支召之即来、来之能战、战之必胜的党员干部队伍。

三是做好干部培养工作，锻造员工队伍战斗力。针对各层次干部特点和工作需要，开展干部培训。建设公司"问水学堂"线上学习平台，以扎实的人才培养推动公司人才队伍建设整体提升，引导广大员工争当生产经营的能手、创新创业的模范、提高效益的标兵、服务群众的先锋，激发广大干部职工干事创业的热情与活力，面对"攻坚战"敢于迎难而上、面对"持久战"敢于担当作为，让鲜红的党旗始终在一线高高飘扬。

五、围绕坚持党要管党、全面从严治党这个保障，在涵养政治生态上深度融入

强国企必先强党建。公司党委始终坚持严的主基调，把党要管党、全面从严治党贯穿于企业改革发展和党的建设全过程，以高质量党建引领保障公司高质量发展，持续涵养干事创业、风清气正的良好政治生态，使党建工作面貌、干部职工精神面貌、改革发展生产经营面貌焕然一新。

一是压紧压实两个责任，扛起管党治党政治担当。坚持知责尽责，以全链条责任体系全面压紧压实"两个责任"，扛起管党治党政治担当，为企业高质量发展提供坚强保障。完善全面从严治党主体责任清单，明确各级党组织书记第一责任人责任。完善"三重一大"事项清单，党委书记、纪委书记对所属单位"一把手"约谈提醒全覆盖。进

一步深化党委、纪委定期会商机制，认真全面考核所属单位落实党风廉政建设责任制情况。各级领导班子切实履行"一岗双责"，深入开展党建联系点调研后的帮扶落地工作。强化关键岗位、关键人员教育和管理，使其管好自己、管好亲属、管好身边工作人员，切实起到全方位的表率作用。

二是聚力正风肃纪反腐，涵养良好政治生态。立足党的二十大战略部署、国务院国资委党委和中国电建党委的重大决策，聚焦公司关于改革深化提升行动、科技创新应用、"管理提升年"等重大举措，坚持贯通运用"四种形态"，认真落实"三个区分开来"，严厉查处违反中央八项规定精神问题，严厉查处"四风"问题；紧盯市场开发、招标投标、物资采购、工程建设、选人用人、项目资源获取等重要环节中的廉洁风险点，严肃查处群众身边的"蝇贪蚁腐"，坚持重拳出击、整治到底、震慑到位，一体推进"三不腐"机制，确保严的基调不动摇；坚持做好巡视整改后半篇文章，有序落实中国电建党委巡视巡察"强基固本、联动贯通、提质增效"三项工程，巩固拓展中央巡视整改成果，强化政治监督，发挥巡视利剑作用，推动内部巡视巡察；强化廉洁教育，积极宣传廉洁理念、廉洁典型，营造廉荣贪耻的良好风尚。

三是构建党建特色品牌，赋能改革发展。积极引导各基层党组织聚焦行风和服务民生一线窗口建设，紧扣供水、治污、应急抢修、管网维护等业务条线，探索开展"党建+安全""党建+营销""党建+服务""党建+创新""党建+项目"等各类融合模式建设。通过深入开展全域党建品牌示范创建，打造党建特色品牌体系，密切党同人民群众的血肉联系，守护城市供水安全、推进城乡供水同质同网同服务，在办好民生实事中不断优化营商环境，实现经营管理水平和服务群众效能"双提升"。

第十二章
必须坚持人民至上

　　为人民谋幸福、为民族谋复兴，是建党百余年始终不渝的初心和使命，也是党领导下水务事业不变的追求。只有坚持人民至上，走群众路线，从人民需求出发，使人民群众参与水务工作的全过程，才能让广大人民群众满意，才能保证水务工作成效经得起人民的检验、实践的检验、历史的检验。中国水务在自身发展历程中，始终把实现好、维护好、发展好最广大人民根本利益作为水务工作的价值取向和根本标准，注重将人民至上发展理念贯穿到水务工作全过程、各环节、各细节，着力解决好人民群众最关心最直接最现实的水务问题，以实实在在水务工作成效造福于民，彰显了中国水务人一以贯之的赤子情怀、始终如一的人民立场。

一、统筹水源配置和建设，更好满足人民群众对美好生活的用水需求

　　民以食为天，食以水为先，城乡供水事关人民群众切身利益。中国水务人紧紧围绕推动高质量发展、人民追求高品质生活所面临的现实问题，聚焦"安全、洁净、生态、优美、为民"水务高质量发展目标，提升水务供给质量和水平，实施乡村供水、远距离调水、

海岛供水等项目，从内陆到海洋，从高山到平原，将江河湖海之水转换成安全洁净的饮用水送至千家万户，不断提升群众满意度、幸福感，为中国式现代化新实践贡献水务力量。

一是致力于成为城市供水的领跑者。作为保障城市供水"最后一公里"安全的重要一环，二次供水改造工作，是关系城市供水保障、城市居民生活品质的大事。中国水务始终坚持以人民为中心的发展思想，将老旧高层居民住宅小区二次供水改造纳入民生实事项目，通过对供水设施的升级改造，逐步完善城市二次供水统建统管的服务延伸，实行专业化、规范化管理，确保城市居民用上放心水。首先，强党建，做好顶层设计。组织施工单位、社区、物业、居民等各层面的党员，全程参与二次供水改造，从初步意愿征求、改造方案会审、改造方案表决、施工图会审到项目进场实施，充分发挥党员先锋模范作用，督促工程高质量实施。其次，多联动，各方统筹推进。二次供水改造牵涉的利益群体比较多，居民群众理不理解、支不支持成为影响改造工作进度快慢的关键。政府、基层、社会协同联动，有力有效保障了工程推进。最后，强技术，利用数字赋能。数字赋能在二次供水改造中发挥了特殊作用。改造完成后，新建了供水泵房、更新了管道，泵房内还设置了在线检测设备管理系统，实时监测液位、电流等安全参数。一旦监测到水溢等异常情况，立即报警，提醒值班人员前往处理。

二是致力于成为农村供水的示范者。农村饮水安全涉及千家万户，关系到每个农村居民的身体健康和生活质量，既是乡村振兴战略的重要任务之一，也是实施乡村振兴战略的重要保障。水利部发布的《全国"十四五"农村供水保障规划》提出，到2025年，全国农村自来水普及率达到88%，提高规模化供水工程服务农村人口的比例；有条件的地区，积极推进城乡供水一体化建设，实现城乡供水统筹发展和规模化发展。自成立以来，中国水务推进城乡供水一体化工作，通过加强政企合作创新城乡供水合作模式、以标准化管理团队专业运维乡村供水设施、提升技术创新能力提供城乡供水一体化综合解决方案、创新商业模式解决乡镇供水难题、对标城市供水标准化运营乡镇水厂等举措，因地制宜、分类施策，逐步摸索出成熟的运营管理模式。中国水务打造了以浙江舟山、江苏溧阳、山东荣成、安徽和县为代表的城乡供水一体化模式，以浙江丽水为代表的农村供水设施委托运营模式，以浙江永康、兰溪为代表的基础建设与运维管理结合模式，以江苏淮安为代表的趸售供水模式，擦亮了国有水务企业的民生底色。

三是积极推进数字孪生农村供水工程建设。数字孪生农村供水工程建设是智慧水利建设的重要内容，是推动农村供水高质量发展的必然要求。水利部办公厅等4部门联合印发的《关于加快推进农村规模化供水工程建设的通知》要求，加快推进数字孪生供水系统建设，打造与物理工程相连的智慧化应用平台。《智慧水利建设顶层设计》要求，打造农村供水智慧管理样板，实现农村供水工程数字化管理。《全国"十四五"农村供水保障规划》提出，推动智慧供水系统建设，增强"四预"（预报、预警、预演、预案）能力。中国水务按照"需求牵引、应用至上、数字赋能、提升能力"要求，以实现农村供水业务"四预"功能为目的，以数字化场景、智能化模拟、精准化决策为路径，以县级行政区域为单元，因地制宜、分步实施，计划用3年左右时间，新建或改造提升一批数字孪生农村供水工程，完善技术标准体系，建成可以共建共享的数据底板和数字孪生平台，迭代提升信息化基础设施建设水平，提高关键业务智能化和多级协同应用水平，增强数据共享和网络安全防护能力，提升农村供水工程效益和服务保障水平，为新阶段农村供水高质量发展提供数字赋能和支撑。

二、统筹农村改厕与污水治理，更好满足人民群众对良好人居环境的殷切期盼

习近平总书记在党的二十大报告中提出"全面推进乡村振兴"，强调"建设宜居宜业和美乡村"。①这是以习近平同志为核心的党中央统筹国内国际两个大局、坚持以中国式现代化全面推进中华民族伟大复兴，对正确处理工农城乡关系作出的重大战略部署，充分反映了亿万农民对建设美丽家园、过上美好生活的愿景和期盼。农村生活污水治理是农村人居环境整治的重要内容，是实施乡村振兴战略的重要举措。中国水务下属的荣成水务创新性地将污水治理与农村改厕相结合，着眼于打通污水治理"最后一公里"，构建覆盖城乡的污水收集处理体系，努力补齐乡村生态振兴短板，打造农村生活污水整县制治理典型。

一是统筹改厕与污水治理，分类确定治理路径。针对荣成市农村地形多样、村情村貌各不相同的实际，统筹考虑村居地质地貌条件、村庄规划、污水总量等因素，分类推进，确定四种治理模式：第一，强化城镇配套管网扩面延伸，对管网能辐射到的村庄，将污水就近接入城镇管网。第二，对人口比较集中、排水量较大的村庄，建设集中污水处理设施进行治理。第三，对排水较为分散且集中收集困难的村庄，采取建设三格化粪池和单户联户污水处理设施相结合的方式进行治理。第四，对具备资源化利用条件的村庄，采取建设三格化粪池和

---

① 习近平：《高举中国特色社会主义伟大旗帜　为全面建设社会主义现代化国家而团结奋斗——在中国共产党第二十次全国代表大会上的报告》，人民出版社2022年版，第30、31页。

灰水收集的方式，利用生态处理（夏季）+收集拉运（冬季）的模式进行治理。

二是落实资金保障，构建多元化融资渠道。在建设费用方面，第一，通过整合各领域专项资金，对镇街进行差异化补贴，引导镇街实行差额自筹，对新建污水处理设施按沿海镇街30%、内陆镇街70%的比例予以市级财政补贴，新建村庄户型污水处理设施则由市级财政全额补贴，收集转运处理（生态处理）由市级财政按照每户650元给予补贴。第二，积极探索社会化运作模式，引入大型央企和上市公司，在成山、港西、人和3个镇采取引入社会资本模式建设污水处理设施，降低了政府财政资金投入成本。第三，通过政企合作，鼓励部分骨干企业提升污水处理能力，对镇周边村庄生活污水进行处理，市级给予政策扶持。在运维费用方面，采取城乡一体化专业运维模式，市级财政对村级设施和户型污水处理设施按70%的比例予以补贴，对收集转运处理及农厕管护费用全额补贴。每月对污水处理设施运行情况、出水水质等进行考核，考核结果作为经费拨付的重要依据。

三是落实责任主体，创新运维模式。在污水处理设施后续管护上，树立"三分建、七分管"的理念，实施专业化运行维护、信用建设、网格化等多元管理。第一，厘清部门角色。根据《关于推行城乡污水处理一体化管理的意见》等文件，明确住房城乡建设部门、生态环境部门、财政部门、发改部门、荣成水务等在运行维护考核方面的职责，确保设施正常运行，达标率实现100%。第二，实现专业化运维。成立乡镇污水处理分公司，实现了城—镇—村污水处理公司化运行、一体化管理。在建成镇村污水收集处理和智能改厕管理平台的基础上，又购置吸污专用车和日常调度车，每台车均安装了定位及视频监控系统，实时跟踪车辆使用。第三，融入信用+管理模式。2015年，率先在全国启动农村信用体系建设，设立了信用基金，将信用建设深度嵌入农村治理的各个方面，形成了"信用+环境整治""信用+网格治理"等一批基层治理新模式，所有镇村均建立了"横向到边，纵向到底"的网格员监管体系，调动群众参与污水治理自治的责任感和积极性，确保设施长效稳定运行。

第十三章
必须坚持服务大局

　　水是生存之本、文明之源，是经济社会发展的重要支撑和基础保障。不同历史时期，针对国家宏观需求和面临的水问题，我们党领导制定正确的治水战略策略，其共同点都是服务经济社会发展大局，保障国家重大战略实施。党的十八大以来，中国水务深入学习贯彻习近平总书记关于国有企业改革发展的重要论述，坚持把握新发展阶段，完整、准确、全面贯彻新发展理念，加快构建新发展格局，推动新阶段水利高质量发展，推进智慧水利建设，强化体制机制法治管理，全力落实重大国家战略相关任务，为服务经济社会发展大局贡献水务力量，在高质量跨越式发展中扛起国资央企新担当。

一、坚持服务国家重大战略

　　国家重大战略事关国家发展全局，是谋划未来、决胜未来的重大顶层设计。党的十八大以来，以习近平同志为核心的党中央对水利工作作出一系列重大战略部署，为水利高质量发展提供了根本遵循和行动指南。"不谋全局者，不足谋一域。"[①]中国水务始终坚持以服务国家重大战略需求为己任，胸怀"两个大局"、心系"国之大者"，切实在推

---

① 转引自《习近平谈治国理政》第1卷，外文出版社2018年版，第88页。

动高质量发展和实现中国式现代化的伟大征程中彰显新担当、展现新作为，为服务经济社会发展大局贡献水务力量。

一是坚持生态优先，争做长江大保护的忠实践行者。"共抓大保护、不搞大开发"[①]是习近平总书记为长江治理开出的治本良方。中国水务作为全国布局的专业水务环境投资和运营管理公司，在供水、污水处理、水生态环境综合治理领域有着自身优势，始终以习近平生态文明思想为指引，严守生态保护红线、环境质量底线、资源利用上线，将节能环保工作视为公司发展大局的重要部分。按照"全覆盖、零容忍、重实效"的工作要求，中国水务各级次公司相继开展长江黄河流域生态环境保护专项整治行动。目前正在重庆、江苏等地与当地政府进行合作谈判，更深入地参与到长江大保护建设中去，为加快推进长江大保护贡献力量。

二是践行绿色发展理念，勇做"双碳"行动先行者。实现碳达峰、碳中和是着力解决资源环境约束突出问题、实现中华民族永续发展的必然选择，是构建人类命运共同体的庄严承诺。水务行业作为城市运行的基础保障与支持行业，其绿色低碳领域布局不断优化，能源利用效率稳步提升，能源结构调整优化有序推进，绿色低碳技术研发和推广应用取得积极进展，碳达峰工作机制进一步完善，是推进碳达峰、碳中和的关键之一。中国水务始终将人水和谐思想贯穿于水务工作全过程，将减碳、固碳理念作为水文化的重要组成部分融入水务事业，逐步优化产业结构和布局，加快推进能源绿色低碳转型，有序推进建筑低碳化建设和改造，因地制宜推进光伏发电系统建设，加快形成绿色低碳产业体系。同时，紧跟行业动向，组织开展企业降碳重大问题研究，完成公司碳达峰行动方案编制工作，策略上稳中求进，行动上

---

① 《习近平著作选读》第2卷，人民出版社2023年版，第153页。

坚定不移，有计划分步骤实施碳达峰行动，共绘碳达峰、碳中和美好图景，只为让天更蓝、地更绿、水更清。

三是统筹发展与安全，志做安全生产的推行者。统筹发展与安全是习近平总书记立足于新发展阶段提出的重大战略思想，也是中国水务始终奉为圭臬的发展理念。公司始终高度重视安全工作，坚持以习近平总书记关于安全生产重要论述和重要指示批示精神为指导，做到"到现场必查安全""逢会议必讲安全"，坚定不移地把安全生产作为抓好各项工作的前提保障和重中之重。为夯实安全生产基础，强化安全责任落实，公司积极推进"四个责任体系"建设，形成领导督导安全常态化工作机制，定期开展安全检查，整改安全问题隐患，开展安全培训和应急演练，以高度的政治自觉、强烈的大局意识和牢固的底线思维确保安全管理工作的贯彻落实，为水务高质量发展保驾护航。

二、坚持服务部委中心工作

舟至中流，更需击楫勇进、逐浪前行，中国水务始终坚持紧紧围绕中央水利工作方针和水利部党组可持续发展治水思路，充分融入中国电建业务布局和战略发展体系，创造性开展工作，不断提供实用、管用、好用的技术成果，守牢"主阵地"，做大"基本盘"，写好"水文章"，拥抱变化，把握未来，踏稳走实中国水务新征程。

一是科学研判重新布局。根据国家提升生态环境的总体战略部署和水务行业的良好发展态势，围绕水安全、水资源、水生态、水环境"四水共治"，聚焦水务主业、培育环保业务，充分利用股东资源，发挥混合所有制优势，强化与中国电建子企业的业务协同，加大投资力度，强化运营管理，实现做大做优做强。

二是主动对标锚定方向。一方面，全方位对接水利部，围绕建立对接联络机制、深度参与水利项目建设、改善农村供水环境、打造智慧水利标杆工程、加强科创与人才交流等方面，就全面加强部企合作进行了深入交流、达成了共识，为水网业务取得更大发展指明了方向、奠定了坚实基础。另一方面，学习研究中国电建战略宣讲会议内容和系列指导意见，找准公司在中国电建的定位，积极融入中国电建聚焦"水、能、城、数"、集成"投建营"发展战略。准确把握中国电建"十四五"时期"水"板块发展方向，积极参与国家水网建设，推进直饮水业务和智慧水务项目实施，紧跟中国电建指导意见进一步落实国务院国资委"全球水利资源开发建设行业的领先者"战略定位要求，促进水利水资源投资业务的高质量发展。主动对行业内头部企业和业务专精型企业进行走访调研，充分了解水务环保市场发展现状，准确把握市场发展趋势。

三是充分研讨凝聚共识。开展"十四五"发展规划专题研讨，邀请中国电建战略发展部到会指导。听取主要股东单位、退休老同志编制意见。在公司总部和重点子公司管理人员中开展内部访谈，鼓励公司各级次干部员工共同参与规划编制，集思广益、统一思想、凝聚共识。

三、坚持服务地方经济发展

国有企业在经济社会发展中发挥着顶梁柱、压舱石、主力军的作用。国有企业牢牢坚持人民至上的根本宗旨，推动企业发展成果全民共享。中国水务作为负责任的国企，一直把坚持服务地方经济发展放在首要地位，并采取各项措施落实到位。

一是加强水源保护。饮用水水源保护，事关广大人民群众生命安全和社会稳定。随着人口的增加和经济的发展，饮用水资源正面临着日益严重的威胁。为了加强饮用水水源保护，中国水务坚持在供水源头上加强管理，强化供水厂水源的管理与保护，特别注重与供水厂所在地的政府部门开展密切合作，配合地方政府管理好饮用水水源地，对供水厂的源水水质进行把关，并加强应急供水技术研究，从源头上保障供水安全。例如，中国水务下属和县水务为确保安全供水，大力协助政府实施水源地保护，经过3年的努力，搬迁水源地内的居民、养殖场、沙场、船厂等，效果显著。

二是抓好水处理环节管理。在供水厂方面，对供水工艺不断进行优化，引进开发新技术、新产品，在保障水质的前提下，降低运行和维护成本。对水处理的各项流程进行严格管理，对水质进行跟踪检测化验，确保广大用户能够用上放心水、安全水。例如，中国水务现已在位于淮安、舟山、丽水、内蒙古等地的下属公司建立自来水检测标准实验室，承担集团内外的水质定期检测工作，确保供水质量，实现达标供水。目前，中国水务综合水处理能力约1200万吨/日，其中供水能力超过1000万吨/日。

三是优化服务加强品牌建设。中国水务以"为人民创造美好水生态"为使命，将"成为价值卓越的国家水务旗舰企业"视为企业发展愿景，坚持"人民至上"的品牌核心价值，着力构建政、企、产、学、研各方向的品牌推广体系，强化服务百姓、造福百姓的产业功能，树立中国水务品牌形象；以形象宣传、品牌传播和水务文化为重点，完善中国水务品牌矩阵，讲好中国水务故事，打造更具市场竞争力的行业品牌，擦亮"中国水务"金字招牌；以品牌托业务，在各类品牌活动中对接交流，增强品牌活动对业务的带动力，扩大中国水务的知名度和影响力，为中国水务加快建设成为国内一流水务企业提供坚实支撑；不断推动高质量品牌建设，凝练提升品牌核心价值，持续塑造品牌优势，彰显中国水务品牌力量。

第十四章
必须坚持文化塑魂

文化关乎国本、国运，文化兴则国家兴，文化强则民族强。企业文化是企业的灵魂，健康向上的企业文化是推动企业持续发展的不竭动力。中国水务以兴水文化为引领，围绕红色文化、廉洁文化、快乐文化等全方位推进企业文化建设，以文化人、以文育人、以文励人，形成并自觉践行"诚信·专注·拼搏·创新"的企业价值观，不仅打造了一支高素质、专业化的团队，更在行业内树立了良好的企业形象，为企业的发展壮大提供了有力精神支撑。

一、弘扬红色文化，以政治引领凝聚人心力量

红色文化是中国共产党领导中国人民在革命、建设和改革的伟大实践中创造、积累的，是彰显党的性质和宗旨，体现人民和时代要求，凝聚各方力量的先进文化。中国水务大力实施红色文化创建工程，深入挖掘红色资源、传承红色基因，用红色精神教育引导广大党员干部职工不断强化攻坚克难的精神和勇气，凝聚推动高质量发展的强大力量，奋力开创"世界一流、国内领先水务旗舰"新局面。

一是突出抓好理论学习，夯实思想政治基础。公司党委衷心拥护"两个确立"、忠诚践行"两个维护"，持之以恒用党的创新理论武装头脑、指导实践、推动工作。坚持理论学习中心组"首要议题"制度，

深化理论学习中心组"两级联学"机制，各级党组织结合实际，通过学习研讨、辅导报告、基层宣讲、"三会一课"等多种形式，推动党的二十大精神进厂区、进班组、进项目、进服务窗口第一线，切实将学习成果转化为推动企业改革发展的生动实践。高标准高质量开展主题教育，一体推进理论学习、调查研究、推动发展、检视整改、建章立制等重点举措，学思想、强党性、重实践、建新功成为全员共识，在以学铸魂、以学增智、以学正风、以学促干上取得实实在在的效果。

二是践行初心使命，推动党史学习教育常态化长效化。深入开展"不忘初心、牢记使命"主题教育，切实提高领导干部政治素质和领导水平。组织主题党日活动，赴西柏坡等红色教育基地参观学习；制定《关于加强党的政治建设提升党员干部政治能力实施方案》，持续推动政治能力提升系统化、制度化；稳步推进"双引双建"，深入落实国有企业改革"1+N"政策体系，将精准研学红色精神与解决企业改革发展重点难点工作相结合，为公司改革发展凝聚合力。

三是汲取榜样力量，大力挖掘宣传先进典型。中国水务发展征途中涌现了无数榜样力量，他们用"良心、匠心、诚心、初心"，诠释着中国水务人团结一心、携手并进的精神风貌，彰显出国之大者的为民情怀。开展"两优一先"评选表彰活动，深入传承劳模精神、工匠精神，利用电子大屏、展板等积极宣传党的十八大以来形成的新时代国企先进精神，挖掘先进个人事迹，开展"党员先锋岗""优秀员工"等评选表彰，不断激发干部职工干事创业的热情。

二、厚植廉洁文化，营造崇廉尚廉良好氛围

国企强，则国家强。企业的持续健康发展离不开风清气正的政治

生态作保障。国有企业作为全面推进中国式现代化建设的重要力量，要更加自觉把加强新时代廉洁文化建设作为一体推进不敢腐、不能腐、不想腐的基础性工程抓紧抓实抓好。中国水务紧紧盯住现实问题做工作、抓落实，深耕厚植廉洁文化精神沃土，全面提升党员干部和职工群众的拒腐防变意识，以各方面工作的廉洁高效确保党中央决策部署落实到位。

一是构建廉洁风险防控机制。注重对"一把手"和领导班子开展监督，制定廉洁风险防控手册，开展"廉政档案"监督检查，精准防控廉洁风险。积极推进水务特色廉洁文化建设，增强教育互动，统筹各级党组织选取典型案例参与编写基层党组织的廉洁教材。举办"520我爱廉"主题活动，展现公司崇廉尚廉的良好精神风貌，持续筑牢"不想腐"的堤坝。

二是巩固拓展作风建设成效。深化开展纠正"四风"和作风纪律专项整治，制定工作方案和整改台账，细化任务清单，每月督导汇报整改进度，持续推动整改任务落到实处。深入开展坚决纠治形式主义、官僚主义专项行动，聚焦享乐主义、奢靡之风，组织开展落实中央八项规定精神专项检查，持续形成整治"四风"的高压态势。

三是强化监督执纪。持续加大对重点领域、关键环节、重要岗位的监督执纪力度，坚决查处工作措施不实际、工作作风不扎实、落实政策打折扣等问题，及时堵塞风险漏洞，进一步完善"事前预防、事中监督、事后查处"的监督制约机制，严防违纪违法行为的发生。

三、打造快乐文化，提升职工幸福度和满意度

企业是由人构成的社会单元，职工既是企业文化的学习者和受益

者，又是文化建设的传播者和创造者。没有职工的积极参与，没有职工的普遍认可，企业文化就是无本之木、无源之水。中国水务高度重视职工关爱工作，始终将职工对美好生活的向往作为自身工作的根本追求。

一是"以人为本"办实事。各级领导干部带头深入基层一线，问需于职工、问计于职工、问政于职工，及时了解掌握职工思想动态，准确把握职工思想脉搏。畅通民主渠道，定期开展谈心谈话，组织召开职代会，鼓励职工代表有序参与公司治理，收集合理化建议，帮助职工解决实际困难，回应职工关切。

二是积极创建文明单位。规范日常行为，倡导厉行节约，抓好清洁卫生、安全保卫等工作，引导干部职工养成随手关灯、关水、断电的习惯，做到"人人监督、人人参与"。广泛普及志愿理念，着力壮大志愿者队伍，组织开展系列志愿服务活动。

三是丰富文化活动载体。深化工会、共青团、妇联等群团组织改革和建设，积极发挥群团组织桥梁纽带作用，充分调动广大职工群众的积极性、主动性、创造性，使之投身全面推进公司"二次创业"的新征程。召开公司工会委员会职工代表大会，举办工会（党群）工作者培训班，顺利完成子公司工会换届改选，举办中国水务网络春晚、"奋进新征程、建功新时代"宣讲比赛、"水务杯"羽毛球比赛、职工健步走、职工书画书法比赛、职工摄影比赛等各类主题活动，积极参加中央和国家机关运动会及水利部各类活动，展现水务职工良好精神风貌。评选表彰青年岗位能手，设立"青年工匠"奖项，开设团员青年干部廉政专题党课，制作五四青年节主题微信推文及视频等，积极展现水务青年昂扬风貌。

第十五章
必须坚持人才强企

　　习近平总书记在党的二十大报告中深刻指出，"培养造就大批德才兼备的高素质人才，是国家和民族长远发展大计"[1]，并对深入实施新时代人才强国战略作出全面部署。人才是实现民族振兴、赢得国际竞争主动的战略资源，是衡量一个国家综合国力的重要指标，综合国力竞争说到底是人才竞争。"功以才成，业由才广。"中国水务科学把握行业及人力资源发展趋势，对照国资委提出的对标世界一流管理提升行动的要求，实施更加积极、更加开放、更加有效的人才政策，完善人才结构布局，坚持各方面人才一起抓，建设结构合理、素质优良的人才队伍，使之服务于公司"十四五"期间聚焦水务环保主业、积极践行党中央和水利部治水思路、坚定不移走高质量发展道路的整体战略思路。

一、树立识才观，定牢人才培育"主基调"

　　习近平总书记指出，我们比历史上任何时期都更加渴求人才，"要树立强烈的人才意识，寻觅人才求贤若渴，发现人才如获至宝，举荐人才不拘一格，使用人才各尽其能"[2]。中国水务严把选人用人政治关、

---

[1]　习近平：《高举中国特色社会主义伟大旗帜　为全面建设社会主义现代化国家而团结奋斗——在中国共产党第二十次全国代表大会上的报告》，人民出版社2022年版，第36页。

[2]　《习近平谈治国理政》第1卷，外文出版社2018年版，第419—420页。

品行关、作风关、廉洁关，突出政治标准和专业能力，坚持以高素质干部队伍夯实高质量发展基础。

一是树立鲜明用人导向。以正确用人导向引领干事创业，充分发挥选人用人"风向标"作用，把那些敢担当、善作为的优秀干部用起来，让肯干事、能干事的干部有机会、有舞台，让担当作为在中国水务蔚然成风。突出政治标准，注重选拔坚定捍卫"两个确立"、坚决做到"两个维护"、在思想上政治上行动上始终同党中央保持高度一致的干部，确保选出来的干部政治上信得过、靠得住、能放心。强调"忠诚干净担当"德才兼备、以德为先、以事择人、人岗相适，做实做细干部考察工作，严把纪检监察干部选拔任用"入口关"。全面实行任期制和契约化管理，发挥考核的指挥棒作用，实现组织约束、契约约束，形成能者上、优者奖、庸者下、劣者汰的干部选用机制。

二是拓宽选人用人视野。积极破除选人用人来源单一、干部成长路径趋同、"论资排辈"等问题，创新干部选拔方式，建立与市场接轨的招聘体系，健全公开招聘、竞争上岗等制度。选聘高潜力、年轻化、复合型人员，满足公司长线发展人员需求。合理增加经营人才的市场化选聘比例。大胆起用优秀年轻干部。加强干部交流轮岗力度，推动各级次公司优秀干部在不同单位、不同岗位之间的交流任职，鼓励在岗位中学习、在实战中提升，支持年轻干部在重大项目和基层工作中蹲苗壮骨，形成公司人才的"一池活水"。

三是健全干部队伍建设机制。突破公司缺乏"一把手"和优秀青年干部的发展瓶颈，深入开展人才盘点工作，对公司人才数量、质量、结构等进行分析，精准掌握公司人才分布情况，明确公司人才需求，为发现、储备、培养优秀人才提供依据。补足短板，建立健全干部选拔任用和管理监督机制，出台《中国水务投资集团有限公司党委关于加强人才工作的指导意见》《干部管理办法》等干部管理制度，选聘优秀年轻人才充实干部队伍，分级分类推进管理人才、专业人才、技能人才"三支队伍"建设，有针对性打造"雁、航、春"人才培养计划，形成人才工作全方位、立体化、多层次、广覆盖的格局。通过竞争择优推动干部能上能下，促进优秀人才脱颖而出，着力建设堪当建设一流水务企业重任的各级领导班子，助力公司高质量发展。

二、树立育才观，打造人才成长"加油站"

中国水务党委紧密围绕战略目标，以公司发展需求为导向，按照《中国水务投资集团有限公司党委关于加强人才工作的指导意见》《中国水务投资集团有限公司党委"十四五"时期加强优秀年轻领导人员队伍建设的实施方案》等文件的总体部署，不断加强教育培训工作，推进干部教育培训的载体和方式创新，促进领导干部政治思想、业务能力、专业素质等全面提升。

一是打造全员学习的线上培训平台，打造学习型组织。丰富教育培训模式，完成线上培训"云平台"建设，服务企业发展战略，赋能人才强企。有效利用碎片化时间，实现全员全过程全覆盖的人才培养、中国水务品牌的承载与传播，节约培训时间、资金成本，提高学习效率，提高培训管理水平。通过建立培训制度，明确管理规范，以数字化资源为支撑，统筹"线上"+"线下"培训模式，逐步打造成熟的教学、师资、课程体系，使干部培训成为集团战略的助推器、管理变革的发源地、人才倍增的孵化器、企业文化的传播者、党性锻炼的大熔炉。

二是完成内部讲师及课程库建设，提炼精品内训课程，推广先进经验。以业务需求为导向，挖掘和培养一批企业管理先进、技术（能）高超的领头人，组建中国水务内部培训师队伍，提炼公司内的管理者、技术专家和业务骨干的知识经验，提升公司人才队伍培养水平，提升培训实用性，降低培训成本，盘活培训资源。组织内部培训师选拔评比，提升相关人员培训能力，完成课程设计，萃取一定数量的精品内训课程。

三是加大多维度培训力度，逐步打造成熟培训体系。聚焦"分级分类"人才培养体系建设，强化管理人才、专业技术人才和高技能人才队伍建设，提升员工素质能力，促进工作成效提升，为培养"赋能型、专业型、创新型"三型总部管理人员夯实基础，确保中国水务各项经营理念和要求在基层公司落地生根。建立包含开展中高层干部专项培训、中高层干部中长期轮训、各条线业务专项培训、覆盖全员的短期培训的多维度培训体系，不断提升领导干部业务水平、综合素养和管理水平。

三、树立聚才观，激发人才成长"新活力"

"水积而鱼聚，木茂而鸟集。"[①]中国水务为了满足企业持续发展的人才需求，积极构筑留聚人才的"高地"，建立了一整套能体现人才能力价值的激励模式。

一是健全激励培养机制。挖掘有担当、讲正气、懂业务、会管理的复合型人才，运用多种形式开展干部交流锻炼，为广大中青年干部提供发展平台。加大对技能人才的培养力度，通过社会专业机构培训、内部培训等形式，提高技能岗位职业认同感，促进技能人员提质增效。

---

① 《淮南子·说山训》。

另外，加强管理人员的综合素质提升。由此，逐步形成布局合理、素质精良的多层次人才队伍培养体系。

二是加强人文关怀。设立人才荣誉项目，健全非物质激励机制，引导和教育干部员工讲其道、教其方，亮其形、彰其功，增强人才荣誉感。平凡的岗位可以铸就不凡的成绩，"淮水铁汉"刘军维护队、"上海工匠"袁飞、安徽省"三八红旗手"葛菁玲、"全国五一劳动奖章"获得者刘培有，一个个水务人的身影，展现了爱岗敬业、心怀赤诚的"良心"，艰苦奋斗、勇于创新的"匠心"，用心服务、甘于奉献的"诚心"，坚守岗位、服务民生的"初心"。

第十六章
必须坚持改革创新

"苟日新，日日新，又日新。"①改革创新是国家进步、社会发展的基石。纵观党领导下的水务发展史，以创新促改革、以改革促发展是永恒的主线。党的十八大以来，中国水务坚决贯彻落实习近平总书记关于国有企业改革的重要论述和重要指示批示精神，全面贯彻"1+N"国有企业改革系列文件精神，通过改革促进管理提升、激活发展动能、增强创新活力、赋能高质量发展，使企业经济效益显著提升、创新驱动引擎强劲、行业引领作用突出、服务国家战略能力不断增强。

一、全面深化国企改革，激发企业发展活力

国有企业是国民经济的稳定器和压舱石。党的二十大报告提出，深化国资国企改革，加快国有经济布局优化和结构调整，推动国有资本和国有企业做强做优做大，提升企业核心竞争力。近年来，中国水务踩准改革的节奏，迈着坚定的步伐拾级而上，着力通过顶层设计破解矛盾、推动转型，有效激发了企业发展动力、内生活力和综合实力，不断健全完善中国特色现代企业制度。

---

① 《礼记·大学》。

一是战略方向更加清晰。建立完善战略管理体系。随着公司"十四五"发展规划的实施,公司"倍增"发展目标更加深入人心。投身国家战略,融入中国电建发展格局,市场拓展意识和资源协同意识明显加强。关于水网建设、直饮水业务、再生水资源利用等的行业研究更加深入,公司发展优势逐步显现。公司首次开展发展规划动态评估工作。

二是公司治理管控能力明显提升。规范建立董事会日常沟通机制,建立董事会信息沟通工作细则,开展管控模式专项调研,持续推动公司章程修订及分级授权管理体系建立,进一步完善企业治理顶层设计,健全现代企业制度。

三是组织管控与人力资源专项改革高质量落地。深入围绕打造三型总部和贯彻落实"十四五"发展规划的总体要求,高效完成公司总部组织机构优化调整和人员定岗落位。整合组建华南、华中、华东、山东、华北五大区域总部,进一步提升组织管理效能。优化组织绩效考核方式。总部绩效管理办法正式实施,进一步调动部门和员工创效积极性;对下属单位考核更趋全面合理,引入增量考核机制,鼓励"多打粮食";任期制和契约化管理制度落地落细,增强各级企业负责人的任期意识和责权意识,激发企业内生动力活力。

二、大力推进科技创新,水务研发成果丰硕

科技是发展的利器。从黄河4年3次断流到连续20余年不断流,从研究黄河水沙关系到小浪底调水调沙取得成功,科技发挥了关键作用;"国之重器"三峡工程、南水北调工程创造了一大批世界之最,依托的是自强不息、科技创新。党的十八大以来,中国水务坚决贯彻落实

习近平总书记关于加强科技创新重要指示精神，为国担当、勇挑重担，锐意进取、攻坚克难，坚持实施创新驱动发展战略，不断创新科研体制机制，完善科技创新体系，推进创新平台建设，优化科技人才队伍，科技创新工作取得了显著成绩。

一是加强技术管理与技术标准化建设。编制完成《项目技术论证与优化管理办法》《技术专家库管理办法》等制度，编制完成《供水厂运行技术规程》《污水处理厂运行技术规程》，为公司水厂、污水厂的运行管理提供了技术标准。牵头组建技术委员会，制定《技术创新项目评价与奖励方案》，编制《"十四五"科技创新发展规划（2021—2025）》，并对相关制度进行修订。编制完成《关于加强科技创新的指导意见》《科技创新体系建设方案》。

二是加强投资建设项目技术审查、论证与优化。组织对公司新建、扩建、提质提标项目进行可研方案与初步设计两阶段的技术审查、论证与优化，建立"一保障两降低"（保障水质达标、降低投资成本、降低运行成本）的原则，通过各环节的整体技术把关，不仅使项目规模、水质、工艺技术、设备配置更可靠，同时也极大地节约了投资成本、运行费用；技术目标后期调整为"高品质水、适度超前、技术布局"的原则，引进市场主流工艺技术和设备产品。2015—2023年，共计完成170余个项目的规划、可研方案与初步设计的技术审查、论证和优化。

三是加强科研平台建设与新技术研究推广。成立水质检测实验中心、供水技术中心、水环境技术中心、节水技术中心，以四个技术中心多位一体的架构，在供水、污水处理、节水、水质检测四个层面推动公司的技术能力提升。在先进技术研究与推广方面，公司正在进行的连续磁性离子交换水处理技术研究工作已取得较大进展。通过"连续磁性离子交换水处理技术应用研究"系列课题的研究，实现了树脂捕捉器优化运行，树脂流失率大幅降低，系统废水"零排放"装置已设计完成并进行中试；《连续磁性离子交换水处理设计规范》已完成团体标准审查并提交报批稿；磁性树脂自主研发已完成生产性中试；"一种微污染水的连续离子交换处理装置及方法"将连续磁性离子交换水处理技术整体作为工艺包申报发明专利，进入实质审查阶段；下一步争取建立若干个示范项目，推广应用。

四是加强合同节水项目的统筹管理。公司参与完成了团体标准《高校合同节水项目实施导则》《节水型高校建设实施方案编制导则》的编制，为全国开展节水型高校建设提供了技术支撑；有关子公司与山东水利职业学院、鲁东大学、淮阴师范学院、安徽水利水电职业技术学院、郴州技师学院、浙江水利水电学院等6所高校签订了节水合同，并按照合同规定的节水模式组织实施；公司完成了华中科技大学、武汉大学等19所高校的节水型高校建设实施方案，以及水利部综合事业局、水利部小浪底水利枢纽管理中心、山东省水利厅等节水型机关建设项目实施方案的编制工作。

五是加强运营项目技术诊断与技术革新指导。开展运营项目的技术问题诊断与技术革新指导工作。负责或参与解决的问题包括水质问题、管网漏损问题、药剂智能投加问题等几十个项目技术难题，维护了中国水务品牌形象、化解了社会风险。积极进行技术能力提升工作。目前牵头的课题项目有"地下式污水处理厂BIM+数字化运维技术研究""管式陶瓷膜净水技术""水厂尾泥智慧化处理系统""新型生物碳源及精确投加系统""中国水务所属净水厂污水厂自控系统研究及实施方案研究""中国水务所属供水厂供水安全性评价分析及供水保障能力提升系统研究""中国水务所属污水处理厂污水达标保障评价分析及能力提升系统研究"等。

第十七章
必须坚持数字赋能

  互联网、大数据和智能化的高速发展，让数字化对企业的发展也产生着重要的影响。数字化是一个持续发展和不断迭代的概念，本质上是新一代信息技术驱动下的业务、管理和模式的深度变革重构，核心是不断发展的新技术与企业经营需求之间的互动和融合。数字经济时代，企业核心竞争能力从过去传统的"制造能力"变成了"服务能力+数字化能力+制造能力"。数字化将是未来较长一段时间推动各行各业以及人们生产生活方方面面持续变革和创新的动力。中国水务围绕水利事业数字化的全感知、全链接、全智能等转型要素，持续探索，谋求创新。从网络化、数字化，再到智能化"新赛道"，中国水务高度重视数字化转型工作，扎实推进平台赋能、数据驱动、安全可控在企业的落地落实，为企业高质量发展注入新动能、为高效能治理提供新手段、为高素质发展建设提供新支撑。在"十四五"数字化发展规划引领下，公司以需求为导向，以业务为驱动，以技术为引擎。以"坚持建立统管思想、建立健全数字化管理组织体系、建立和完善常态化考核机制"为指导思想，构建了"1134"的数字化体系，即"一个数据湖、一个中心、三大平台和四个保障"。打造一个中国水务数据湖；打造一个综合监管决策中心；建设管理管控、生产运营、营销客服三大业务平台；建立数字化标准体系、信息安全体系、IT基础设施和IT

治理四大保障体系，以支持中国水务将自身打造为"百姓满意、政府信赖的水务行业引领者"。

一、以"数"优"治"，提升企业发展"内驱力"

数字技术为企业管理系统的创新提供了全方位、多领域的解决方案，可以大大提高企业管理的整体效能，从而进一步提升企业综合竞争力。当前，在数字化管理、标准化管理等方面，数字化赋能的价值正在逐步显现。数字化手段的广泛运用，必将为推进企业运营管理现代化注入强大动力。以标准化、数字化的理念，深化企业管理系统提档升级，有利于稳固水务主业基本盘，推动公司稳健发展。

一是逐步构建数字化管理体系。结合"十四五"数字化规划，开展数字化、信息化管理体系构建工作，明确不同层级、不同类型企业任务要求，形成集中采购项目名录，对需要"统建统管""统谈分签"的项目进行需求汇总，明确项目技术路线，组织项目采购，建立项目池，统筹各级次公司数字化项目的落地实施，为"十四五"时期数字化转型工作奠定基础。

二是全面搭建财务共享体系。推进财务共享中心建设，发挥财务部门作为天然数据中心的优势，推动中国水务财务管理从信息化向数字化、智能化转型。通过统一底层架构、流程体系、数据规范，将标准化、同质化的财务业务进行集中、集约化处理，横向整合各财务系统、连接各业务系统，纵向贯通各级子公司，推进系统高度集成，实现全集团"一张网、一个库、一朵云"。

三是标准化管理优化升级。修订标准化管理文件及相应评价细则，完善标准化管理、科学化发展长效机制。例如，淮安水司成立清浦供水分公司，将标准化营业所创建中积累的经验予以推广。兰溪芝堰水厂通过浙江省现代化水厂评审，由此钱江水利实现现代化水厂全覆盖，并在浙江省占比超过1/3。荣成水务城乡治污模式得到当地政府和居民的普遍认可，吸引了招远市政府考察团前往实地调研。

二、以"数"提"质"，提高水务主业"创新力"

发展数字技术和数字经济，是新一轮科技革命和产业变革的大势所趋，也是推动经济高质量发展的重要途径。数字赋能水务主业转型升级，有利于充分发挥数字技术高创新性、强渗透性、强协同性的优势，通过质量变革、效率变革和动力变革，推动企业数字化转型，加速产业体系现代化建设。

一是数字化建设先行先试。加快公司数字化转型，调整信息管理组织架构，统筹开展相关工作。以上海环保（集团）有限公司安亭污水处理厂提升改造、淮安城南水厂改扩建工程为抓手，先行先试BIM设计，打造供水厂、污水处理厂数字孪生样板工程。例如，青岛水务上线DMA和GIS系统，实现漏损系统化分析和管网固定资产数字化管理。舟山水司"舟山市定海水厂一体化智慧加药平台"项目入选住建部2022年智慧水务典型案例。

二是技术创新管理强化支撑。发布供水厂、污水处理厂运行技术规程等企业标准文件；组织技术创新项目成果评选，鼓励优秀技术创新；参加中国电建重大科技攻关项目揭榜活动，开展安亭污水处理厂三期项目BIM+智慧化运维项目技术课题研究，与中国水利水电科学研究院联合申报水利部重大科技项目；组建的供水保障技术中心、水环境技术中心、节水技术中心、水质检测中心四个科技创新平台示范引领作用逐步显现。

三是锚定"双碳"目标踊跃践行。积极响应国家重大战略决策，拟定到2025年打造一批高效试点项目，提升项目节能降耗管理水平，制定分布式光伏项目实施方案，积极践行"2030年实现碳达峰、2060年实现碳中和"的远期目标。

三、以"数"增"效"，增强成果转化"新活力"

创新成果更好地转化为产业增长动能需要进一步释放科技成果转化平台效能、丰富科技成果转化融资渠道等，进一步打通科技成果转化通道，助推企业的科技创新再上新台阶。

一是高效促进产学研深度融合。加强科技创新体系建设，根据"十四五"规划要求，完善科技创新子规划。出台《科技创新管理办法》及相关配套细则。加强与中国电建相关科研单位、中国水利水电科学研究院等科研院所及高校的对接和技术合作，以校企合作、联合开发等形式，推进"产学研用"一体化建设。

二是广泛开展课题项目研究。继续推进连续磁性离子交换水处理技术中的核心技术攻关工作；开展"胶东调水工程污染源风险评估与水质安全保障技术研究"项目研究工作；推动与中国水利水电科学研究院联合申报的水利部重大科技项目的实施；发挥四个科技创新平台的功能作用，加大投入力度，统筹组织子公司开展科研课题研究工作。

三是充分发挥技术支撑作用。继续做好投资项目各阶段技术审查优化，强化在建项目的施工技术管理，提前介入项目前期工作，以合理降低投资及生产运营成本为抓手，有效提升项目效益。结合科技创新项目评选成果，编制技术推广管理办法及技术推广目录，为课题研究及成果应用转化提供支撑，不断提升技术创新和成果转化能力。

四、以"数"促"新"，推进智慧水务"发展力"

随着"互联网+"时代的发展和新型城镇化的推进，智慧水务建设是智慧城市建设的必然要求。中国水务各子公司高度重视智慧水务建设，积极推进运营管理数字化、智能化、规范化，这不仅对保障水质安全，而且对推行节约用水具有显著意义。突出数智赋能，优化产业升级，将智慧化场景和数字化转型融入企业生产经营，助力提升现代化水平、经济质量效益和行业竞争力。注重打造产业转型升级典型项目、示范项目、标杆项目，在系统内进行总结、推广、复制。

一是加快形成新质生产力。中国水务多年来积极承担国家级、省部级科技创新研究课题，主持并参与多项国家标准、行业标准及团体标准的编制；依托引进再创新形成的连续磁性离子交换水处理技术，以及自主研发的智慧加药系统、化学除磷智能控制系统、基于全生命周期的设备管理系统等，在绿色低碳、节能降耗、供水保障、智慧运营四方面提高专业能力，聚焦提高核心竞争力、增强核心功能，加快形成新质生产力。

二是创新研发新系统。上海环保（集团）有限公司的化学除磷智能控制系统和舟山水司的SmartDPF水厂智慧加药系统的建设，为智慧水务的建设赋予了新的内涵，是智慧水务建设的深水区。化学除磷智能控制系统将AI人工智能技术引入污水处理运行控制领域，打破了国内污水处理行业的传统模式，意义非同寻常。

三是探索数字技术与生产管理融合创新。中国水务牢牢抓住数字化是工具的理念，从生产调度、经营、服务、数据管控等方面充分利用现有的数字化技术，从以下几个方面开展数字化与业务的深度融合工作。第一，从管理数字化先行下手，重新梳理企业管理的流程，从流程再造、优化、合规、管控等方面，打造上下统一的企业流程管理中心。真正做到从源头到过程监管、业务高效协同、信息对称等的闭环管控，促进企业的高效治理，提升企业的整体管控能力。第二，以企业大运营体系建设为抓手，通过财务、投资、工程管理、安全生产、人力资源、党建、培训等系统的垂直化打造，纵向实现管理管控指标化，形成新的企业治理方式。第三，面对中国水务内部数字化发展不均衡的现状，采取生产、营销系统总部统一打造，业务专业软件进行横向复制的推广模式。借助业务系统的集中打造，将业务标准化融入数字化系统中，以业务标准化+数字标准化相结合的方式去推广落地，加快标准化管理落到实处。

后　记

　　2023年，全党深入开展学习贯彻习近平新时代中国特色社会主义思想主题教育。中国水务投资集团有限公司党委牢牢把握"学思想、强党性、重实践、建新功"总要求，全面系统深入学习习近平新时代中国特色社会主义思想，在学深悟透做实、深化内化转化上持续发力，着力把主题教育取得的成效、形成的共识、凝聚的力量体现到服务国家重大战略和水利高质量发展中来。

　　党的十八大以来，习近平总书记站在实现中华民族永续发展的战略高度，就治水发表了一系列重要讲话，作出了一系列重要指示批示，提出了一系列新理念新思想新战略，系统回答了新时代为什么做好治水工作、做好什么样的治水工作、怎样做好治水工作等一系列重大理论和实践问题。习近平总书记关于治水的重要论述，立意高远、内涵丰富、思想深邃。坚持以人民为中心，是习近平新时代中国特色社会主义思想的重要内容，贯穿于习近平新时代中国特色社会主义思想的各个方面。党的二十大报告提出"全面推进乡村振兴"，强调"建设宜居宜业和美乡村"。农村饮用水的安全和保障是广大农民最关心、最直接、最现实的利益问题，让农村居民喝上放心水，是为人民谋幸福的重要体现，是实现我们党的初心和使命在水务工作中的重要体现和生动实践，也是推动新阶段水利高质量发展的必然要求。

作为国家级专业从事水务环保投资和运营管理的公司，中国水务始终牢记"国之大者"，服从服务全面推进乡村振兴、推动城乡融合发展和美丽中国建设。《人民至上：城乡水务一体化发展——中国水务的实践探索》一书，是公司党委对近年来积极参与和推动城乡供水一体化、农村治污等工作，贯彻落实习近平新时代中国特色社会主义思想的生动实践总结。学习贯彻习近平新时代中国特色社会主义思想主题教育期间，公司党委将浙江"千万工程"经验案例和水利部党组组织编写的《深入学习贯彻习近平关于治水的重要论述》作为重要学习内容，在深入总结公司所属在浙企业钱江水利多年来响应党中央、国务院关于农村饮水安全和浙江省委、省政府"八八战略"号召，用心用情用力做好农村饮用水安全保障和项目运维管理的生动实践，提炼"千万工程"钱江水利模式的基础上，全面系统总结公司在山东、江苏、安徽等省域深耕城乡水务一体化的探索实践。这些实践探索，不仅反映了公司的20年荣光成就，更集中体现了"人民至上"这一治水价值理念。

书稿编撰过程中，得到了水利部和中国电建的鼓励与支持。同时，还要特别感谢中国工程院王浩院士在百忙中拨冗审阅书稿并为此书撰写序言。

道阻且长，行则将至。中国水务将秉持"人民至上"发展理念，以全方位高质量农村供水服务为载体，加快开展农村饮用水改善"3+1"模式试点，积极开展城乡供水水厂股权收购、集中供水水厂规模改造、单村供水一体化设备研发推广等项目投资与运营，切实为农村供水高质量发展提供中国水务解决方案。期望本书能为加强城乡水务一体化提供有益参考。由于编写时间仓促、能力水平有限等，难免存在疏漏和不足之处，敬请各位领导、同人予以斧正。

中国水务投资集团有限公司党委

2024 年 5 月 20 日